Halbleiter-Elektronik

Herausgegeben von D. Schmitt-Landsiedel

Band 22

Springer-Verlag Berlin Heidelberg GmbH

Jens Sauerbrey

Entwurf analoger CMOS Schaltungen für extrem niedrige Versorgungsspannungen

Mit 108 Abbildungen und 9 Tabellen

 Springer

Dr.-Ing. Jens Sauerbrey
Infineon Technologies AG, München

ISBN 978-3-642-62192-5   ISBN 978-3-642-18602-8 (eBook)
DOI 10.1007/978-3-642-18602-8

Bibliografische Information der Deutschen Bibliothek
Die Deutsche Bibliothek verzeichnet diese Publikation in der Deutschen Nationalbibliografie;
detaillierte bibliografische Daten sind im Internet über http://dnb.ddb.de abrufbar.

© Springer-Verlag Berlin Heidelberg 2004
Softcover reprint of the hardcover 1st edition 2004

Einbandgestaltung: design+production, Heidelberg
Satz: Digitale Druckvorlage des Autors
Gedruckt auf säurefreiem Papier   62/3020/M   - 5 4 3 2 1 0

Danksagung

Die vorliegende Arbeit entstand während meiner Tätigkeit in der Zentralabteilung Technik der Siemens AG und im „Corporate Research"-Bereich der Infineon Technologies AG in München.

Frau Prof. Dr. Doris Schmitt-Landsiedel, Leiterin des Lehrstuhls für Technische Elektronik der Technischen Universität München, danke ich für die Betreuung der Doktorarbeit.

Für die Übernahme des Korreferats danke ich Herrn Prof. Dr. Heinrich Klar von der Technischen Universität Berlin.

Mein besonderer Dank gilt Herrn Dr. Roland Thewes, der mit großen Engagement den Fortgang meiner Arbeit förderte und durch zahlreiche Diskussionen zum Gelingen dieser Arbeit beitrug. Ebenfalls bedanken möchte ich mich bei allen anderen Mitarbeitern für ihre Hilfsbereitschaft, für interessante Diskussionen und für das konstruktive Arbeitsklima.

Herrn Dr. Rudolf Koch, Herrn Dr. Heiner Herbst und Herrn Dr. Herbert Eichfeld danke ich für die Anregung des Themas und der Definition erster Forschungsschwerpunkte. Herrn Dr. Roland Thewes und Herrn Prof. Dr. Karl Joachim Ebeling danke ich für den konsequenten Ausbau des Themas im Forschungslabor der Infineon Technologies AG.

Herrn Dr. Thomas Tille, Kooperationspartner vom Lehrstuhl für Technische Elektronik der Technischen Universität München, möchte ich für die Messung der Kapazitäts-/Spannungs-Charakteristiken der verwendeten MOSCAPs und für seine Mitarbeit beim Design des MOSFET-only $\Sigma\Delta$-Modulators danken.

Ich möchte auch allen Praktikanten, Diplomanden und Werkstudenten danken, die zum Gelingen der Arbeit beitrugen, insbesondere bei Herrn Martin Wittig für seine Mitarbeit beim Systemdesign des kaskadierten $\Sigma\Delta$-Modulators und bei Herrn David Cristiano Klan Wilde für die Erstellung verschiedener Messprogramme.

Mein größter Dank geht an meine Frau Anke, insbesondere für ihre Geduld und ihre Unterstützung während der Entstehung der vorliegenden Arbeit.

Jens Sauerbrey

Vorwort

Die kontinuierliche Entwicklung der CMOS-Prozesse führt zu immer geringeren Strukturgrößen und damit verbunden zu extrem niedrigen Versorgungsspannungen. Die hieraus resultierenden nutzbaren Spannungsbereiche unterscheiden sich grundlegend von den bisherigen Randbedingungen des analogen Schaltungsdesigns. Daher ist es nötig, neue Methoden für den Entwurf analoger Schaltungen und Systeme zu finden, welche den geänderten Bedingungen gerecht werden.

Im Buch werden verschiedene für sehr niedrige Versorgungsspannungen geeignete Lösungsansätze, sowohl mit als auch ohne Verwendung spezieller Prozessoptionen, analysiert und miteinander verglichen. An Hand verschiedener Sigma-Delta-Modulatoren und eines sukzessiven Approximationswandlers wird unter Verwendung dieser Lösungsansätze eine Entwurfsstrategie für den Entwurf analoger CMOS Schaltungen bei extrem niedrigen Versorgungsspannungen entwickelt. Um die Arbeit allgemeingültig für zukünftige Prozesse zu halten, wird dabei auf lokale Spannungsüberhöhungen verzichtet. Es finden ausschließlich Standard-Digitaltransistoren Verwendung. Die entwickelten Schaltungen arbeiten mit minimalen Versorgungsspannungen zwischen 0.75V und 0.4V, welche nach heutiger Sicht zwischen 2007 und 2016 zu erwarten sind.

Das Buch basiert auf der Dissertation des Autors und seiner Tätigkeit in einem industriellen Forschungs- und Entwicklungslabor. Es richtet sich an Studierende der Elektrotechnik mit Vorkenntnissen in analoger Schaltungstechnik und an alle, die sich mit analogem Schaltungsdesign beschäftigen und der Herausforderung gegenüberstehen, innovative Schaltungen zu entwickeln, die mit niedrigen Versorgungsspannungen auskommen müssen.

München, im Frühjahr 2004
Jens Sauerbrey

Inhaltsverzeichnis

Liste der verwendeten Symbole und Abkürzungen

Symbol	Einheit	Bedeutung
A	[V]	Signalamplitude
ADC	-	Analog/Digital-Wandler (**a**nalog-to-**d**igital **c**onverter)
$A_{\Delta VT}$	[mVμm]	Streuung der Einsatzspannung
BW	[Hz]	Bandbreite (**b**and**w**idth)
clk	-	Takteingang
C_H	[F]	Haltekondensator (**h**old)
C_i	[F]	Integrationskondensator
C_{load}	[F]	Lastkapazität
C_s	[F]	Abtastkondensator (**s**ampling)
C_{SH}	[F]	Shuntkapazität
CT	-	**C**ontinous **T**ime
D	-	Digitales Signal
DAC	-	Digital/Analog-Wandler (**d**igital-to-**a**nalog **c**onverter)
DR	[dB]	Dynamikbereich (**d**ynamic **r**ange)
DNL	[LSB]	Differentielle Nichtlinearität bezogen auf niederwertigstes Bit (**d**ifferential **n**on-linearity)
ENOB	[1]	Effektive Anzahl von Bits (**e**ffective **n**umber of **b**its)
f_{clk}	[Hz]	Taktfrequenz
FOM	[s^{-1}W^{-1}m^{-2}]	Performancekennzahl (**F**igure-of-Merit)
f_s	[S/s]	Abtastrate(**s**amples per second)
$f_{Nyquist}$	[Hz]	Nyquistbandbreite
FIR	-	Digitalfilter mit endlicher Impulsantwort (**f**inite **i**mpulse **r**esponse)
G(z)	-	Vorwärtsübertragungsfunktion in z-Ebene

Symbol	Einheit	Bedeutung
$H_E(z)$	-	Rauschübertragungsfunktion in z-Ebene
$H_X(z)$	-	Signalübertragungsfunktion in z-Ebene
I_{bias}	[A]	Biasstrom
INL	[LSB]	Integrale Nichtlinearität bezogen auf niederwertigstes Bit (**i**ntegral **n**on-**l**inearity)
inm	-	negativer Eingang
inp	-	positiver Eingang
INV	-	Inverter
k	[Ws/K]	Boltzmannkonstante
Komp	-	Komparator
NAND	-	logische Nicht-UND Verknüpfung
NOR	-	logische Nicht-ODER Verknüpfung
L	-	Modulatorordnung
LSB	-	niederwertigstes Bit (**l**east **s**ignificant **b**it)
LTI-System	-	Lineares zeitinvariantes System (**l**inear **t**ime-**i**nvariant system)
MSB	-	höchstwertigstes Bit (**m**ost **s**ignificant **b**it)
N	[1]	Wortbreite eines digitalen Signales
out	-	Ausgang
OSR	[1]	Überabtastrate (**o**ver**s**ampling **r**atio)
S	-	Schalter
SAR	-	**S**ukzessives **A**pproximatons**r**egister
SC	-	**S**witched-**C**apacitor
SI	-	**S**witched-**C**urrent
SNDR	[dB]	Verhältnis von Signal zur Summe von Rauschen und Verzerrungen (**s**ignal-to-**n**oise-and-**d**istortion-**r**atio)
$SNDR_{MAX}$	[dB]	Maximalwert des SNDR
SNR	[dB]	Signal-Rauschverhältnis (**s**ignal-to-**n**oise- **r**atio)
SNR_{MAX}	[dB]	Maximalwert des SNR
S&H	-	Abtast- und Haltestufe (**s**ample-**and**-**h**old)
SO	-	**S**witched-**O**pamp
SR	[V/μs]	**S**lew-**R**ate
OPV	-	Operationsverstärker
P_D	[W]	Leistung der harmonischen Verzerrungen (**di**stortion)
P_N	[W]	Rauschleistung (**n**oise)

P_S	[W]	Signalleistung (**s**ignal)
PSD	[V^2s]	Rauschleistungsdichte (**p**ower **s**pectral **d**ensity)
Q(z)	-	Quantisierungsrauschen in z-Ebene
RO	-	**R**eset-**O**pamp
T	[K]	absolute Temperatur
t_a	[s]	Länge der zusätzlichen „Aus"-Phase zwischen benachbarten Taktphasen
t_{OX}	[nm]	Oxiddicke
V_A	[V]	Ausgangsspannung
V_C	[V]	Komparatoreingangsspannung
VDD	[V]	Positive Betriebsspannung
V_{DSsat}	[V]	Drain-Source-Sättigungsspannung
V_{GS}	[V]	Gate-Source-Spannung
V_H	[V]	Gehaltene Spannung (**h**old)
V_{in}	[V]	Eingangsspannung
V_{in_offset}	[V]	Gleichwert einer sinusförmigen Eingangsspannung
V_{in_pp}	[V]	Spitze-Spitze-Wert einer sinusförmigen Eingangsspannung
V_{ref}	[V]	Referenzspannung
VSS	[V]	negative Betriebsspannung; Massepotential
V_T	[V]	Einsatzspannung
X(z)	-	Modulatoreingangssignal in z-Ebene
Y(z)	-	Modulatorausgangssignal in z-Ebene
„0"	-	logisch 0
„1"	-	logisch 1
$\Sigma\Delta$	-	Sigma-Delta
δ	[s]	durch Gatterlaufzeit bestimmte Zeit zwischen benachbarten Taktphasen
φ	[1]	relative Gleichspannungsverschiebung
Φ	-	logisches Taktsignal

1 Einleitung

Die kontinuierlich wachsende Nachfrage nach portabler Elektronik führt zu einem steigendem Bedarf an Schaltungen im Low-Voltage- und Low-Power-Bereich. Weit verbreitete Anwendungen auf diesem Gebiet sind zum Beispiel Systeme zur drahtlosen Kommunikation wie Mobiltelefone oder GPS-Systeme, tragbare Computer wie Notebooks und Organizer und Geräte der Consumerelektronik wie beispielsweise MP3- oder MiniDisk-Player.

Die wachsenden Anforderungen an die Leistungsfähigkeit von digitalen Systemen führen zu einem kontinuierlichen Anstieg von Schaltungsfunktionen und Speicherbedarf pro Chip. Bei Verwendung einer gegebenen Technologie erhöht sich die Chipfläche und damit auch der Preis proportional zu Leistungsfähigkeit und Speicherbedarf des Chips. Ebenfalls proportional erhöht sich die Verlustleistung. Dies führt schnell zu Problemen mit der Wärmeableitung und zwangsläufig zur Verwendung teurer Spezialgehäuse.

Der Ausweg um die steigenden Anforderung für große Systeme („System on Chip") ohne explodierende Chipkosten zu erfüllen, besteht in der kontinuierlichen Erhöhung der Integrationsdichte. Die zunehmende Miniaturisierung führt aber zwangsläufig auch zur Verwendung immer dünnerer Gateoxide und folglich zu einer kontinuierlichen Verringerung der Versorgungsspannung.

Die Entwicklung der CMOS-Prozesstechnik zu immer kleineren Versorgungsspannungen ist also im Wesentlichen von den Anforderungen großer digitaler Systeme getrieben. Für viele analoge Schaltungen, bei denen außer einer niedrigen Verlustleistung auch andere Parameter wie z.B. ein hoher Signal/Rauschabstand wichtig sind, ist diese Entwicklung nicht immer vorteilhaft. Diese Schaltungen müssen aber technologiebedingt auch zunehmend mit niedrigen Versorgungsspannungen betrieben werden.

Die sinkende Versorgungsspannung (VDD) geht mit einem steigendem Verhältnis aus Transistoreinsatzspannung (V_T) und Versorgungsspannung einher. Dieses Verhalten ist seit vielen Prozessgenerationen zu beobachten. Das steigende Verhältnis ist dadurch bedingt, dass man mit Rücksicht auf große digitale Systeme die Einsatzspannung schwächer als die Versorgungsspannung skaliert, um Leckströme ausgeschalteter Transistoren in Logikschaltungen nicht zu stark anwachsen zu lassen. Insbesondere dieses wachsende Verhältnis von Einsatzspannung zu Versorgungsspannung stellt für analoge Schaltungen eine große Herausforderung dar.

Abb. 1.1 zeigt die Vorhersage der ITRS Roadmap von 2001 bezüglich der weiteren Entwicklung der maximalen Versorgungsspannung für zukünftige Prozessgenerationen [Itr_01]. Es wird angenommen, dass der Trend zu immer niedrigeren Versorgungsspannungen unvermindert anhalten wird. Eine Vorhersage bezüglich der Transistoreinsatzspannung erfolgt in der Roadmap nicht. Aus bereits genannten Gründen ist aber eine kontinuierliche weitere Erhöhung des Verhältnisses von Transistoreinsatzspannung zu Versorgungsspannung zu erwarten.

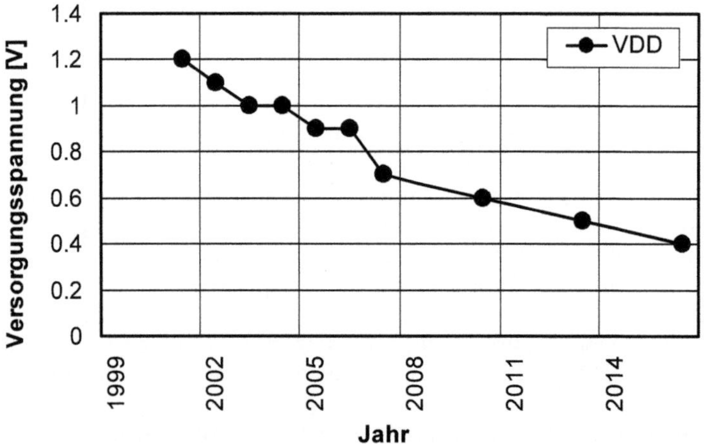

Abb. 1.1 Vorhersage aus der ITRS Roadmap von 2001 bezüglich der Versorgungsspannung für zukünftige Prozessgenerationen [Itr_01]

Um die Auswirkungen dieser ungünstigen Bedingungen zu mindern besteht in modernen Prozessen die Möglichkeit, spezielle, für das Analogschaltungsdesign vorteilhafte Prozessoptionen zu verwenden. Einerseits besteht die Möglichkeit spezielle Transistoren in den Prozess zu integrieren, die durch Verwendung dickerer Gateoxide höhere Versorgungsspannungen erlauben. Eine andere Möglichkeit besteht in der Verwendung von Transistoren mit sehr niedrigen Einsatzspannungen. Ziel solcher Prozessoptionen ist es, das Verhältnis von Transistoreinsatzspannung und Versorgungsspannung weniger stark anwachsen zu lassen, als dies für Standard-Transistoren der Fall ist. Auf diese Weise können klassische Schaltungstechniken bedingt weiter verwendet werden. Es entstehen jedoch erhöhte Prozess- und Maskenkosten, da jeder zusätzliche Transistortyp mindestens eine zusätzliche Maske erfordert.

Da aber auch hier die maximale Versorgungsspannung mit höherer Integrationsdichte tendenziell sinkt und die Einsatzspannungen nicht beliebig verringert werden können, wird das Problem nur vermindert bzw. zeitlich herausgeschoben, jedoch nicht grundsätzlich gelöst.

Vorteilhafter ist es daher, auf einem gemischt analog/digitalen Chip alle Schaltungen in einem Standardprozess für Digitalanwendungen zu integrieren. Durch das veränderte Verhältnis von Einsatzspannung zu Versorgungsspannung sind viele klassische Schaltungstechniken jedoch nicht mehr verwendbar. Dies betrifft insbesondere kaskadierte Schaltungen, wie sie in Stromspiegeln hoher Güte oder in Verstärkerstufen mit hoher Verstärkung üblich sind. Ebenfalls nicht mehr uneingeschränkt nutzbar ist der CMOS-Transfergate-Schalter, da er nicht mehr in der Lage ist, Signale innerhalb des gesamten Betriebsspannungsbereiches zu schalten. Dies führt dazu, dass die klassische Switched-Capacitor (SC) Schaltungstechnik nicht mehr anwendbar ist, wenn auf Spannungsüberhöhungen, die den Betriebsspannungsbereich übersteigen, verzichtet wird.

Neue Schaltungen und Systemkonzepte [Ste_93, Abo_99, Pel_98, Kes_01, All_95] in Verbindung mit Schaltungen zur Gleichspannungspegelverschiebung [Bas_94, Kar_00] ermöglichen es Analogarbeitspunkte zu finden, die den veränderten Randbedingungen gerecht werden. Dies erfordert allerdings einen grundlegend neuen schaltungstechnischen Ansatz und ein speziell daraufhin ausgelegtes Systemdesign. Eine reine Skalierung wie in bisherigen Prozessgenerationen ist nicht mehr möglich.

Der Inhalt dieser Arbeit besteht in der Untersuchung von Schaltungen für extrem niedrige Versorgungsspannung auf der Basis eines Standard-Digital-CMOS-Prozesses. Es werden eine Reihe konkreter Designs vorgestellt und experimentelle Ergebnisse dazu präsentiert. Außer digitaler Standard-Transistoren wird lediglich in einigen Schaltungen eine Option für die Bereitstellung einer linearen Kapazität verwendet. Am Beispiel verschiedener Sigma-Delta-Modulatoren und eines sukzessiven Approximations-Wandlers wird die verwendete Designmethode vorgestellt.

Gemäß ITRS Roadmap sind die in den vorgestellten Schaltungsbeispielen betrachteten Versorgungsspannungen zwischen 2007 und 2016 zu erwarten. Ausgehend von einer ähnlichen Weiterentwicklung der Transistoreinsatzspannung wie in vergangenen Prozessgenerationen wird das Verhältnis von Transistorseinsatzspannung und Versorgungsspannung bei den zu erwartenden Prozessen etwas kleiner ausfallen als bei den untersuchten Schaltungen, was sich für das analoge Schaltungsdesign eher positiv auswirkt. Daher lassen sich aus den hier vorgestellten Ergebnissen Rückschlüsse auf die Möglichkeiten des analogen Schaltungsdesigns in zukünftigen Technologien ziehen.

Diese Arbeit ist folgendermaßen aufgebaut:

Kapitel 2 gibt einen detaillierten Überblick über die Randbedingungen für das Schaltungsdesign bei extrem niedrigen Versorgungsspannungen. Wichtige elektrische und physikalische Parameter und deren Auswirkungen auf das Schaltungsdesign werden diskutiert, für das Schaltungsdesign wichtige prozesstechnische Optionen werden erläutert. Außerdem werden verschiedene Lösungsansätze zum Schaltungsdesign dargestellt und miteinander verglichen.

Kapitel 3 beschäftigt sich mit Sigma-Delta-Modulatoren in Switched-Opamp Technik. Nach Einführung der untersuchten Topologien erfolgt die Darstellung einer systematischen Designmethode der Modulatoren. Es werden Messungen an Modulatoren in drei verschiedenen Architekturen vorgestellt. Ein weiterer Modulator ist als MOSFET-only Variante realisiert.

Kapitel 4 betrachtet die Möglichkeit einer weiteren Reduktion der Leistungsaufnahme bei Switched-Opamp Schaltungen. Anhand eines Schaltungsbeispieles wird ein Taktschema vorgestellt, welches es ermöglicht, die Leistungsaufnahme einer Switched-Opamp Schaltung auf das für das Erreichen einer bestimmten Performance erforderliche Maß zu reduzieren. Messergebnisse bestätigen auch hier die Funktion dieser Schaltung.

In Kapitel 5 wird der Entwurf eines sukzessiven Approximations-Wandlers für niedrigste Versorgungsspannungen diskutiert. Ausgehend von einer Standard-Struktur wird die Schaltung derart modifiziert, dass ein Betrieb mit Versorgungs-spannungen bis in den Bereich der Einsatzspannung der Transistoren möglich ist.

In Kapitel 6 werden die wesentlichen Ergebnisse der Arbeit zusammengefasst.

2 Randbedingungen für das Schaltungsdesign

2.1 Prozesstechnische Gesichtspunkte

2.1.1 Transistorparameter

In Abb. 2.1 sind die Versorgungsspannungen für verschiedene bereits existierende und zukünftige Prozesse mit unterschiedlicher minimaler Gatelänge [Bul_00] in doppelt logarithmischem Maßstab dargestellt. Die punktierten Hilfslinien weisen jeweils eine Steigung von eins auf was einem proportionalen Verhalten entspricht. Außerdem ist in Abb. 2.1 die Oxiddicke t_{ox}, die Einsatzspannung V_T und die Matchingkonstante bezogen auf V_T $A_{\Delta VT}$ dieser Technologien dargestellt, die ein Maß für die auf elementaren physikalischen statistischen Zusammenhängen beruhenden Variation der Schwellenspannung der Transistoren ist [Pelg_89, Pelg_98].

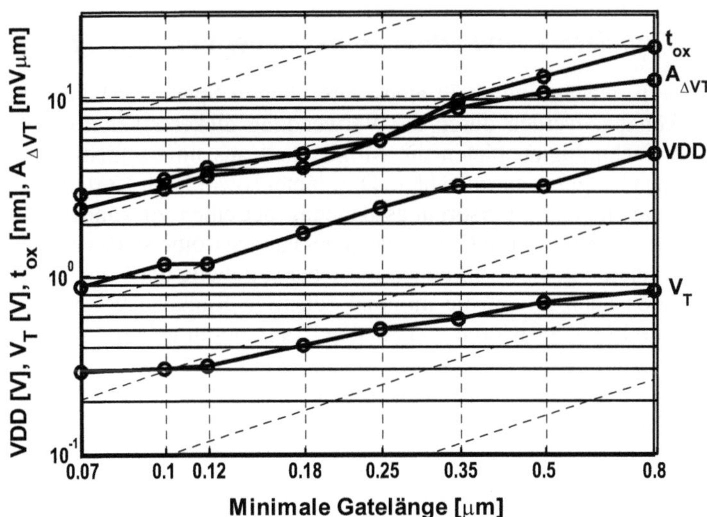

Abb. 2.1 Versorgungsspannung VDD, Einsatzspannung V_T, Oxiddicke t_{ox} und V_T-Mismatch $A_{\Delta VT}$ für verschiedene Prozesse mit unterschiedlicher minimale Gatelänge [Bul_00]

Sowohl die Versorgungsspannung, die Oxiddicke als auch die Matchingkonstante skalieren linear mit der Technologiemindestgröße. Im doppelt logarithmischen Maßstab ergibt sich demnach für die Auftragung dieser Parameter in etwa jeweils eine Gerade mit einer Steigung von ungefähr eins.

Auch die Entwicklung der Transistoreinsatzspannung bildet in etwa eine Gerade. Der Anstieg ist hier jedoch deutlich kleiner eins, was zu der Vergrößerung des Verhältnisses von V_T zu VDD führt.

Dieses aus schaltungstechnischer Sicht ungünstigere Verhältnis führt dazu, dass der nutzbare Dynamikbereich überproportional zur Versorgungsspannung sinkt (siehe auch Kapitel 2.2). Daher kommt es zu einer relativen Erhöhung des Einflusses von Mismatch und parasitären Kopplungseffekten.

Durch die verringerte Einsatzspannung kommt es zu einem starken Anstieg der Kanal-Leckströme der Transistoren. Durch die dünner werdenden Gateoxide treten außerdem zunehmend nicht mehr vernachlässigbare Gateleckströme auf.

2.1.2 Möglichkeiten zur Kompensation negativer Skalierungseffekte

Da viele Nebeneffekte der Technologieskalierung insbesondere für Analogschaltungen sehr ungünstig sind, stehen in modernen Technologien üblicherweise verschiedene Optionen zur Verfügung, welche es gestatten, einige dieser Nebeneffekte zu kompensieren bzw. abzumildern.

2.1.2.1 Transistoren mit erhöhter maximaler Versorgungsspannung

Transistoren, welche innerhalb eines vergrößerten Spannungsbereiches betrieben werden können, werden durch die Verwendung dickerer Gateoxide ermöglicht. Moderne Technologien bieten die Möglichkeit aus unterschiedlichen Gateoxiddicken eine Geeignete auszuwählen. Dies bietet sowohl den Vorteil, die Transistoren mit einer höheren Versorgungsspannung betreiben zu können, als auch den Vorteil, dass durch dickere Gateoxide Gate-Tunnelströme stark verringert werden. Um Kurzkanaleffekte zu vermeiden muss bei Erhöhung der Gateoxiddicke jedoch grundsätzlich auch immer die minimal zulässige Kanallänge vergrößert werden. So genannte I/O-Transistoren und Analog-Transistoren gehören zu dieser Kategorie.

Zur Realisierung solcher Prozessoptionen werden zusätzliche Masken benötigt, was zusätzliche Kosten verursacht.

2.1.2.2 Transistoren mit verringerter Einsatzspannung

Alternativ werden Transistoren zur Verfügung gestellt, welche eine verringerte Einsatzspannung im Vergleich zum Standardtransistor in einer bestimmten Technologie haben. Auch hier bieten moderne Technologien die Möglichkeit aus einer bestimmten Anzahl von Einsatzspannungen auszuwählen, um einen Kompromiss zwischen Performance und Leckströmen zu finden. Diese häufig als „Low-VT",

„Low-Low-V_T" bzw. „Zero-V_T" bezeichneten Transistoren benötigen ebenfalls zusätzliche Prozessmasken, was auch hier zu erhöhten Kosten führt.

Sehr große Unterschwellenleckströme dieser Transistoren können in großen digitalen Systemen zu großem Standby-Leistungsverbrauch führen. Dies stellt für
analoge Systeme, welche im Vergleich zu digitalen Systemen vergleichsweise
klein sind, meist kein Problem dar. Allerdings müssen hier mögliche Auswirkungen der Leckströme auf die Funktion der Schaltungen berücksichtigt werden.

2.1.2.3 Weitere Optionen

Zusätzlich zu dem immer vorhandenen vertikalen Bipolartransistor eines Typs
können optional auch pnp- und npn-Bipolartransistoren im Prozess implementiert
sein. Dual-Gate Transistoren können eine Möglichkeit bilden, die Einsatzspannung und damit auch die Leckströme von Transistoren dynamisch anzupassen.
Dual-Well Konzepte bieten die Möglichkeit den Substrat-Steuereffekt sowohl für
p-MOS- als auch für n-MOS-Transistoren zu unterdrücken und eine höhere Flexibilität in der Nutzung des erlaubten Dynamikbereiches zu erreichen. All diese Optionen sind aber einerseits nicht immer verfügbar und andererseits häufig mit erhöhten Aufwand und Kosten verknüpft.

2.2 Auswirkungen auf das Schaltungsdesign

2.2.1 Nutzbare Spannungsbereiche

In Abb. 2.2 sind typische Analoggrundschaltungen und deren nutzbare Spannungsbereiche bei niedriger Versorgungsspannung dargestellt.

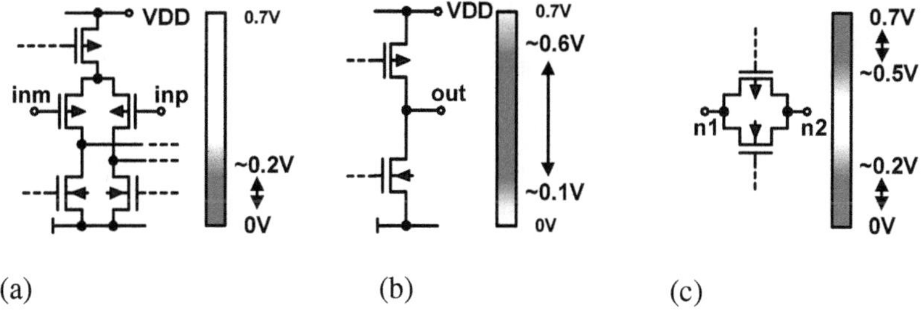

Abb. 2.2 Anschauliche Darstellung des nutzbaren Spannungsbereiches von Analoggrundschaltungen bei einer Versorgungsspannung von 0.7V und einer Transistoreinsatzspannung
von 0.4V: **(a)** Operationsverstärker-Eingangsdifferenzstufe, **(b)** Operationsverstärker-
Ausgangsstufe **(c)**, CMOS-Schalter

Abb. 2.2(a) zeigt eine Operationsverstärker-Eingangsdifferenzstufe mit p-MOS Eingangsdifferenzpaar. Die maximale Eingangsspannung dieser Schaltung ergibt sich aus der Sättigungsspannung des Stromquellentransistors und der Transistoreinsatzspannung des Eingangsdifferenzpaares. Legt man eine Transistoreinsatzspannung von 0.4V zugrunde, so liegt der nutzbare Spannungsbereich am Eingang dieser Schaltung typischerweise bei einer Versorgungsspannung von 0.7V zwischen 0V und ~0.2V.

Bei der bei einer Versorgungsspannung von 0.7V und einer Overdrive-Spannung von 100mV in Abb. 2.2(b) dargestellten Operationsverstärker-Ausgangsstufe, ist der nutzbare Dynamikbereich von der Sättigungsspannung der Transistoren begrenzt. Für eine Versorgungsspannung von 0.7V und eine Transistoreinsatzspannung von 0.4V ergibt sich typischerweise ein Dynamikbereich zwischen ~0.1V und ~0.6V. Der nutzbare Spannungsbereich dieser Operationsverstärker-Ausgangsstufe unterscheidet sich folglich stark vom nutzbaren Spannungsbereich der Operationsverstärker-Eingangsstufe von Abb. 2.2(a).

Für einen Schalterbetrieb (Abb. 2.2(c)) muss die Spannungsdifferenz am Gate der einzelnen Transistoren bezogen auf die zu schaltende Spannung mindestens gleich der Summe aus Einsatzspannung und einer Overdrive-Spannung sein. Für die betrachtete Technologie ergibt sich bei Verwendung von CMOS-Schaltern bei einer Versorgungsspannung von 0.7V und einer Overdrive-Spannung von 100mV ein schaltbarer Spannungsbereich zwischen 0V und ~0.2V und zwischen ~0.5V und 0.7V. Zwischen diesen zwei Spannungsbereichen ist kein Schalterbetrieb möglich (siehe auch Kapitel 2.2.3).

Solche stark verringerten nutzbaren Spannungsbereiche sind typisch für Schaltungen mit niedrigen Versorgungsspannungen. Die grundsätzliche Ursache liegt in der starken Verringerung des Verhältnisses von Versorgungsspannung und Transistoreinsatzspannung.

2.2.2 Operationsverstärkerdesign

Aus den stark unterschiedlichen nutzbaren Spannungsbereichen von Operationsverstärker- Eingangs- und Ausgangsstufen ergibt sich für sehr niedrige Versorgungsspannung die Notwendigkeit, Schaltungen mit Gleichspannungspegelverschiebung zu verwenden (siehe auch Kapitel 2.4.7). Ein weiteres Problem ergibt sich aus der abnehmenden Verstärkung der Operationsverstärker.

Typischerweise werden beim Operationsverstärkerdesign Kaskodestufen verwendet, um die Verstärkung der einzelnen Stufen zu erhöhen. Bei niedrigen Versorgungsspannungen kommt es hierdurch zu einer starken Verringerung des Dynamikbereiches. Daher können mit zunehmenden Verhältnis von Transistoreingangsspannung und Versorgungsspannung weniger Kaskodestufen verwendet werden. Durch die geringere nutzbare Anzahl in Serie geschalteter Kaskodetransistoren fällt die Verstärkung pro Stufe ab. Dieser grundlegende Effekt ist in Abb. 2.3 dargestellt. Die absoluten Werte hängen hierbei sowohl von der verwendeten Technologie als auch vom dem verwendeten Transistortyp ab.

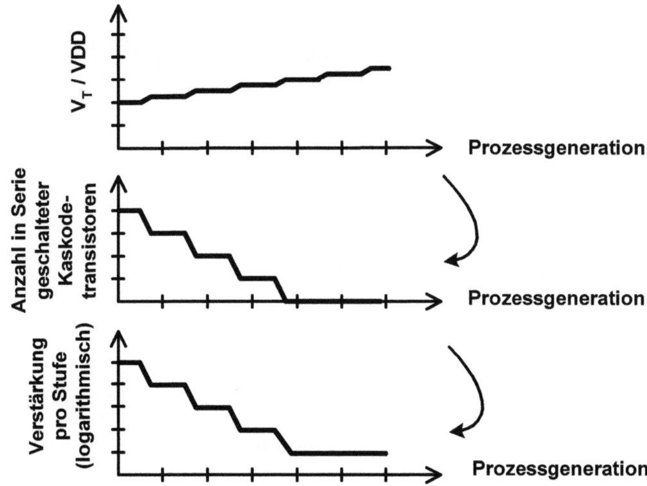

Abb. 2.3 Schematische Darstellung des Einflusses eines steigenden V_T/VDD-Verhältnisses auf die Anzahl nutzbarer Kaskodestufen und Auswirkung auf die Verstärkung pro Stufe

Um den Dynamikbereich nicht unnötig einzuschränken ist es daher sinnvoll, Kaskodestufen nur dort einzusetzen, wo das Signal keinen großen Dynamikbereich benötigt. Dies trifft für Vorverstärker- bzw. Eingangsstufen zu.

Zur Kompensation der geringer werdenden Verstärkung bieten sich mehrstufige Operationsverstärkerkonzepte an. Für bestimmte Schaltungen ist es aber auch möglich, die Anforderungen an die Operationsverstärker auf Systemebene herabzusetzen. Dies trifft beispielsweise für die Verstärkungsanforderungen von Operationsverstärkern in Sigma-Delta-Modulatoren zu.

2.2.3 Design von Schaltern

Abb. 2.4 zeigt simulierte Werte des Widerstandes eines geschlossenen CMOS-Schalters bei unterschiedlichen Versorgungsspannungen. Die Weite des p-MOS Transistors W_P ist drei mal so groß wie die Weite W_N des n-MOS Transistors. Die Länge der Transistoren L_P und L_N entspricht der Minimallänge des Prozesses. Bei einer Versorgungsspannung von 1.8V besitzt der Schalter für alle zu schaltenden Spannungswerte einen geringen Widerstand. Bei niedrigeren Werten der Versorgungsspannung kommt es allmählich zu einer Erhöhung des Widerstandes im Bereich der halben zu schaltenden Versorgungsspannung. Bei sehr kleinen Versorgungsspannungen hat der Schalter nur noch nahe der Versorgungsspannung und nahe dem Massepotential ein hinreichend niederohmiges Verhalten.

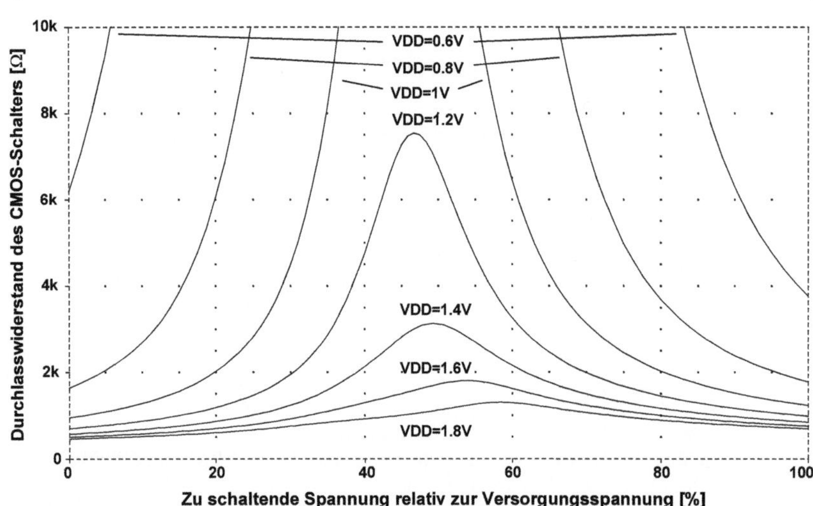

Abb. 2.4 Durchlasswiderstand eines geschlossenen CMOS-Schalters in Abhängigkeit der zu schaltenden Spannung bei einer Versorgungsspannung von 1.8V, 1.6V, 1.4V, 1.2V, 1V, 0.8V und 0.6V (W_N=1.3µm, L_N=0.18µm, W_P=3.9µm, L_P=0.18µm, Prozess: 0.18µm CMOS, V_{Tn} = 0.43V, V_{Tp} = - 0.38V, T=27°C, Nominalparametersatz)

Auch hier bewirkt die Technologieentwicklung eine Verschlechterung der analogen Eigenschaften wie in Abb. 2.5 nochmals anschaulich dargestellt ist. Mit zunehmendem Verhältnis von Transistoreingangsspannung und Versorgungsspannung kommt es zu einer starken Erhöhung des maximalen Durchlasswiderstandes.

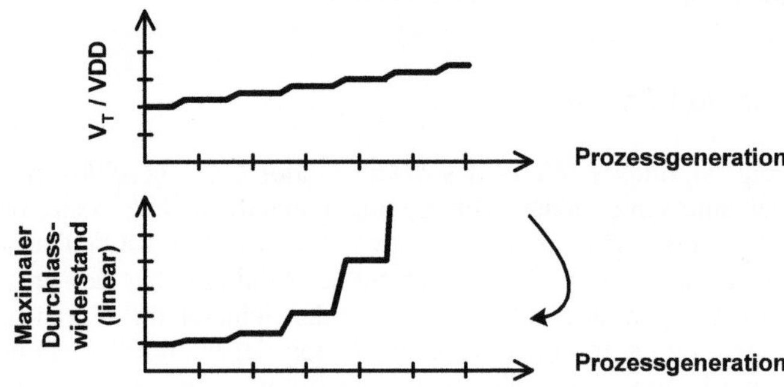

Abb. 2.5 Schematische Darstellung des Einflusses eines steigenden V_T/VDD Verhältnisses auf den maximalen Durchlasswiderstand eines geschlossenen CMOS-Schalters

Übersteigt die Summe der Einsatzspannungen von n-MOS und p-MOS Transistor die Versorgungsspannung, ist kein ausreichender Schalterbetrieb über den gesamten Betriebsspannungsbereich mehr möglich.

Unter Verwendung einer Standardtechnologie müssen dann spezielle Schaltungstechniken verwendet werden, die nur einen begrenzten Betriebsspannungsbereich der Schalter benötigen (siehe Kapitel 2.4.9).

2.2.4 Rauschen

Sinkende Versorgungsspannungen führen zu einem sinkenden nutzbaren Dynamikbereich und damit zu sinkender Signalleistung. Der Einfluss des Rauschens auf Schaltungen vergrößert sich daher mit sinkender Versorgungsspannung.

Da in diesem Abschnitt nur das Verhältnis von Signalleistung und Rauschleistung und nicht deren Absolutwerte betrachtet werden, können zur Vereinfachung systemtheoretische Leistungen bzw. Leistungsdichten verwendet werden [Kre_89].

Die dominante Rauschquelle der später untersuchten Switched-Capacitor Schaltungen (SC-Schaltungen) stellt thermisches kT/C-Rauschen dar. Die Rauschleistungsdichte (PSD: power spectral density) des thermischen Rauschens eines ohmschen Widerstandes ergibt sich zu:

$$PSD = 4kTR \qquad (2.1)$$

$$\text{mit} \qquad k=Boltzmannkonstante, \qquad T=absolute\ Temperatur$$

Ist der Widerstand in Serie mit einem Kondensator verbunden, so ergibt sich die Übertragungsfunktion:

$$H(f) = \frac{1}{1 + j2\pi fRC} \qquad (2.2)$$

Die Rauschleistung über dem Kondensator ist daher:

$$P_N = PSD \int_0^\infty H(f)^2\, df = \frac{4kTR}{2\pi RC} arctan(2\pi fC) \Big|_0^\infty = \frac{kT}{C} \qquad (2.3)$$

Die Größe der Rauschleistung ist hierbei unabhängig vom Wert des Widerstandes und nur vom Wert des Kondensators und der absoluten Temperatur abhängig.

Wird der Kondensator in einem SC-Integrierer eingesetzt, so wird dieser während eines Taktzyklusses zweimal in den Signalpfad geschaltet, was zu einer Verdopplung der Rauschleistung führt [Hau_86]. Handelt es sich um eine überabgetastete Schaltung, verteilt sich die Rauschleistung auf ein breiteres Frequenzspektrum und es kommt zu einer Verringerung der Rauschleistung im interessierenden Frequenzbereich:

$$P_N = \frac{2kT}{OSR\ C} \tag{2.4}$$

mit $\qquad$ $OSR=Überabtastrate\ (OSR:\ oversampling\ ratio)$

Die Überabtastrate ergibt sich aus dem Verhältnis von Taktfrequenz der SC-Schaltung und Nyquistbandbreite, d.h. doppelter Signalbandbreite.

Die Signalleistung einer sinusförmigen Quelle beträgt:

$$P_S = \frac{A^2}{2} \tag{2.5}$$

mit $\qquad$ $A=Signalamplitude$

Das erreichbare Signal-Rauschverhältnis ergibt sich aus dem Quotienten von Signalspannung zu Rauschspannung:

$$SNR = \frac{\sqrt{P_S}}{\sqrt{P_N}} = \frac{A}{2}\sqrt{\frac{OSR\ C}{k\ T}} \tag{2.6}$$

Das erreichbare Signal-Rauschverhältnis der überabgetasteten SC-Schaltung ist abhängig von der Signalamplitude, der Überabtastrate, der Größe der verwendeten Kondensatoren und der absoluten Temperatur. Soll eine bestimmte Schaltung ohne Änderung der Überabtastrate bei einer niedrigeren Versorgungsspannung betrieben werden, müssen zur Kompensation der sinkenden Signalamplituden die Kondensatoren vergrößert werden. Ungünstig ist hierbei, dass das erreichbare Signal-Rauschverhältnis direkt proportional zu der Signalamplitude ist, aber nur über einen Wurzelausdruck von der Größe der Kapazitäten abhängt. Hieraus resultiert eine starke Vergrößerung der Kapazitäten bei sinkenden Versorgungsspannungen.

Umstellung von Gleichung 2.6 nach C ergibt eine Gleichung zur Berechnung der Kondensatormindestgröße (siehe Gleichung 3.30).

2.2.5 Leistungsverbrauch

Sinkende Versorgungsspannungen führen bei digitalen Schaltungen zu einer Verringerung der Verlustleistung, da sich die Verlustleistung proportional zum Quadrat der Spannung verhält. Bei analogen Schaltungen gilt dies nur für den Fall, dass der verwendete Dynamikbereich nicht durch thermisches Rauschen begrenzt wird. Liegt eine Begrenzung durch thermisches Rauschen vor, müssen bei den betrachteten SC-Schaltungen die Kondensatoren bei sinkender Versorgungsspannung stark vergrößert werden, was zu einer erhöhten Stromaufnahme führt. Eine Begrenzung des Dynamikbereiches durch thermisches Rauschen ist bei sinkenden Signalpegeln aber meistens der Fall.

Folgende Zusammenhänge gelten für Signalleistung P_S, Rauschleistung P_N und Gesamtanalogleistung P_A in SC-Schaltungen, deren Dynamikbereich durch thermisches Rauschen begrenzt ist.

Die Signalleistung ist proportional zum Quadrat des nutzbaren Dynamikbereiches.

$$P_S \sim \left(VDD - 2V_{DSsat}\right)^2 \tag{2.7}$$

mit $\qquad V_{DSsat} = Drain\text{-}Source\text{-}Sättigungsspannung$

Die Rauschleistung des kT/C-Rauschens ergibt sich zu:

$$P_N \sim \frac{k\,T}{C} \tag{2.8}$$

mit $\qquad k = Boltzmannkonstante$

$\qquad\qquad T = absolute\ Temperatur$

Aus dem Produkt aus Versorgungsspannung VDD und Gesamtstrom I_{DD} ergibt sich die analoge Verlustleistung. Der Gesamtstrom ist hierbei gleich dem Strom durch den Kondensator, welcher proportional zum Dynamikbereich und zur Taktfrequenz ist.

$$P_A = I_{DD}VDD \sim (VDD - 2V_{DSsat})\,f_{clk}\,C\,VDD \tag{2.9}$$

mit $\qquad I_{DD} = Gesamtstrom$

Mit der Definition des Signal-Rauschverhältnisses

$$SNR^2 \sim \frac{P_S}{P_N} \sim \frac{(VDD - 2V_{DSsat})^2}{k\,T}\,C \sim \frac{(VDD - 2V_{DSsat})P_A}{k\,T\,VDD\,f_{clk}} \qquad (2.10)$$

ergibt sich eine Gleichung für die analoge Verlustleistung:

$$P_A \sim \frac{SNR^2\,k\,T\,VDD\,f_{clk}}{(VDD - 2V_{DSsat})} \qquad (2.11)$$

Der analoge Leistungsverbrauch ist also stark vom geforderten Signal-Rauschverhältnis abhängig. Verhält sich die Sättigungsspannung proportional zur Versorgungsspannung so ist der analoge Leistungsverbrauch unabhängig von der Versorgungsspannung. Verschlechtert sich das Verhältnis von Sättigungsspannung zu Versorgungsspannung kommt es sogar zu einer Erhöhung des Leistungsverbrauches mit sinkender Versorgungsspannung. Dies ist der Fall, wenn die Overdrive-Spannung zur Vermeidung von Performanceverlusten konstant gehalten wird.

2.3 Schaltungstechnische Lösungsansätze mit speziellen Prozessoptionen

In diesem Unterkapitel werden wichtige Lösungsansätze dargestellt, welche die in Kapitel 2.1.2 vorgestellten Prozessoptionen verwenden.

2.3.1 Unterschiedliche Versorgungsspannungen für analoge und digitale Schaltungsteile

Die einfachste Möglichkeit besteht hierbei darin, zwei unterschiedliche Versorgungsspannungen für die analogen und die digitalen Schaltungsteile eines gemischten Analog-/Digitalchips zu verwenden. Die digitalen, leicht zu skalierenden Schaltungsteile werden hierbei gemäß ITRS-Roadmap [Itr_01] skaliert. Dies führt dazu, dass deren Größe, Versorgungsspannung und Verlustleistung sinkt. Die analogen Schaltungsteile werden mit möglichst konstanter Spannung weiter betrieben. Dies führt zu einem verringertem Designaufwand. Es kann außerdem ein hoher Dynamikbereich genutzt werden. Zur Nutzung dieses Konzeptes müssen spezielle Prozessoptionen genutzt werden, welche es gestatten, bestimmte Transistoren mit höheren Spannungen zu betreiben.

Eine solche Vorgehensweise hat allerdings auch einige Nachteile. Es müssen unterschiedlich hohe Versorgungsspannungen zur Verfügung gestellt werden. Die zusätzlichen Prozessoptionen führen zu erhöhten Kosten. Außerdem skalieren auch die maximalen Versorgungsspannungen von Dickoxidtransistoren mit der Prozessgeneration, so dass durch deren Nutzung die Auswirkungen der Technologieentwicklung auf das analoge Schaltungsdesign nur zeitlich verschoben aber nicht wirklich gelöst werden.

2.3.2 On-Chip Spannungsmultiplizierer

Dieser Lösungsansatz ist sehr ähnlich zu der im Kapitel 2.3.1 vorgestellten Variante. Hier wird allerdings die größere, analoge Versorgungsspannung nicht von außen der Schaltung zugeführt, sondern chipintern erzeugt [Nic_96].

Da hier die ganze Analogschaltung mit einer intern generierten hohen Versorgungsspannung arbeitet, muss der Spannungsmultiplizierer in der Lage sein, einen relativ hohen Strom bereit zu stellen. Gleichspannungskonverter benötigen deshalb in der Regel einen externen Kondensator. Außerdem ist die Effizienz eines solchen Gleichspannungskonverters stets deutlich kleiner als 100%, was insbesondere für portable Anwendungen nachteilig ist [Bas_02].

2.3.3 On-Chip Taktspannungsmultiplizierer

Unter Verwendung von On-Chip Taktspannungsmultiplizierern wird nicht die gesamte analoge Schaltung mit einer erhöhten Versorgungsspannung betrieben, sondern nur die Gates bestimmter MOSFETs, insbesondere der von Schaltern. Die restliche Schaltung arbeitet mit einer niedrigeren Versorgungsspannung. Dies hat den Vorteil, dass die erhöhten Spannungen nur dort benötigt werden, wo kaum Strom fließt. Die Spannungserhöhung erfordert daher keine externen Bauelemente.

Unterschiedliche Realisierungen von Taktspannungsmultiplizierern sind aus der Literatur bekannt [Bul_00]. Die meisten Taktspannungsmultiplizierer arbeiten lokal, d.h. es wird eine Taktspannungsmultiplizierer-Schaltung pro Schalter verwendet. In [Abo_99] wird eine Schaltung vorgestellt, bei der die Gatespannung des Schalttransistors gleich der Summe aus der zu schaltenden Spannung und der Versorgungsspannung ist. Hierdurch wird einerseits erreicht, dass die Gate-Source-Spannung die Versorgungsspannung nicht überschreitet. Andererseits führt die konstante Gate-Source-Spannung zu einem in erster Näherung signalunabhängigen Durchlasswiderstand, was sich positiv auf die Linearität des Schalters auswirkt.

Allerdings kann in keiner der Techniken ausgeschlossen werden, dass bestimmte Spannungen am Schalter, insbesondere die Drain-Bulk Spannung und die Gate-Bulk Spannung, die Versorgungsspannung überschreiten. Dynamisch kann es auch zu kurzzeitigen Spannungsüberhöhungen zwischen Gate und Source bzw. Drain kommen, d.h. kurze Spannungsspitzen können eine Gate-Source bzw. Gate-Drain Spannung bewirken, welche größer als die Versorgungsspannung ist. Daher ist auch hier die Verwendung spezieller für höhere Versorgungsspannungen geeigneter Transistoren empfehlenswert, falls nicht durch zusätzliche Charakterisierungsschritte eine Verschlechterung der Zuverlässigkeit der Transistoren bei den verwendeten Spannungsverhältnissen ausgeschlossen werden kann.

2.3.4 Verwendung von Transistoren mit verringerter Einsatzspannung

Ziel der Verwendung von Transistoren mit verringerter Einsatzspannung ist es, das Verhältnis von Versorgungsspannung und Einsatzspannung trotz der verringerten Versorgungsspannung konstant zu halten. Dies erlaubt es auch bei niedrigen Versorgungsspannungen bedingt bekannte Schaltungstechniken ohne größere Anpassungen zu verwenden.

Nachteilig sind hier wiederum die erhöhten Kosten, welche durch die zusätzlichen Prozessoptionen entstehen. Außerdem stören bei Verringerung der Einsatzspannung zunehmend die damit verbundenen großen Leckströme.

2.4 Schaltungstechnische Lösungsansätze ohne spezielle Prozessoptionen

Schaltungstechnische Lösungsansätze ohne speziellen Prozessoptionen beruhen entweder auf der Nutzung bestimmter Betriebsbereiche der MOSFETs oder auf Systemkonzepten, welche ein kleines VDD/V_T Verhältnis erlauben.

2.4.1 Betrieb im Unterschwellenbereich

Ist die Gate-Source-Spannung des MOSFETs kleiner als dessen Einsatzspannung, so wird dieser im Unterschwellenbereiches betrieben [Vit_77]. In diesem Betriebsbereich des MOSFETs kommt es zu einer exponentiellen Abnahme des Stromes mit sinkender Gate-Source-Spannung [Lak_94]. In Verbindung mit parasitären Kapazitäten treten daher in einer Schaltung sehr große Zeitkonstanten auf. Dies führt dazu, dass Arbeitspunkte im Unterschwellenbereich nur für extrem langsame Schaltungen genutzt werden können. Außerdem sind die Ströme in diesem Betriebsbereich sehr stark von der Temperatur abhängig, was die Nutzung dieses Betriebsbereiches erschwert.

2.4.2 Schaltungen unter Ausnutzung von Substratbiasing

Schaltungen unter Ausnutzung von Substratbiasing kann man in zwei Gruppen unterteilen. Die erste Gruppe der Schaltungen nutzt die Substratgegensteuerung aus, um Steilheitsverluste durch Substratgegensteuerung zu kompensieren oder gar die Steilheit zu erhöhen. Die zweite Gruppe der Schaltungen nutzt das Substrat selbst als Steuereingang.

Eine übliche Schaltung zur Verhinderung der Substratgegensteuerung beruht darauf, dass die Wannen mit dem Sourceanschluss des MOSFETs verbunden werden. Im n-Wannenprozess kann so die Substratgegensteuerung der p-MOS Transistoren unterdrückt werden. Wird die Wanne eines solchen p-MOSFETs nicht mit dessen Sourceanschluss sondern mit einem etwas negativeren Potential verbunden, so führt dies zu einer Verringerung der Einsatzspannung (forward backbias). Diese Technik ist begrenzt auf eine Vorspannung von kleiner als 500mV, da anderenfalls die Dioden des pn-Überganges des MOS-Transistors in Flussrichtung betrieben werden.

Abb. 2.6(a) zeigt ein p-MOS Eingangsdifferenzpaar, dessen Bulk im Vergleich zur Source negativ vorgespannt ist. Die Größe der Vorspannung wird eingestellt mittels eines kleinen Stromes, welcher einen bestimmten Spannungsabfall über der Basis-Emitter-Diode des zugehörigen parasitären Bipolartransistor erzeugt (current driven bulk technique) [Leh_00].

Abb. 2.6(b) zeigt ein p-MOS Eingangsdifferenzpaar unter Verwendung von bulkgesteuerten MOSFETs [Bla_98]. Auch hier ist das Bulkpotential etwas geringer als das Sourcepotential, was eine Verringerung der Einsatzspannung bewirkt. Das Gate wird zur Arbeitspunkteinstellung verwendet und das Eingangssignal wird über den Bulkanschluss eingespeist. Der nutzbare Eingangsdynamikbereich wird hierdurch vergrößert. Größere parasitäre Kapazitäten führen jedoch zu einem deutlich Geschwindigkeitsverlust im Vergleich zu gategesteuerten MOSFETs.

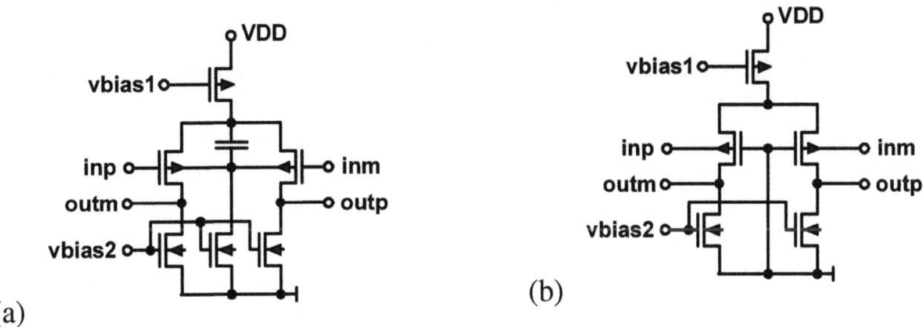

Abb. 2.6 Eingangsdifferenzpaar unter Verwendung von (**a**) "Current driven bulk"-Technik (**b**) bulkgesteuerten MOSFETs

2.4.3 Pseudo-differentielles Design

Abb. 2.7 zeigt ein Eingangsdifferenzpaar in pseudo-differentieller Schaltungstechnik. Im Vergleich zu einer herkömmlichen Eingangsdifferenzstufe wird hier auf den Stromquellentransistor verzichtet [Shi_97]. Dies führt zwar einerseits zu einer verringerten minimalen Versorgungsspannung, andererseits beeinflusst das Eingangsgleichtaktsignal stark den Arbeitspunkt des Eingangsdifferenzpaares und damit auch die Verstärkung der Schaltung und deren Stromaufnahme. Außerdem ist eine exakte Versorgungsspannung notwendig, weil diese stark den Arbeitspunkt der Schaltung beeinflusst. Aus diesen Gründen ist diese Schaltung praktisch kaum nutzbar.

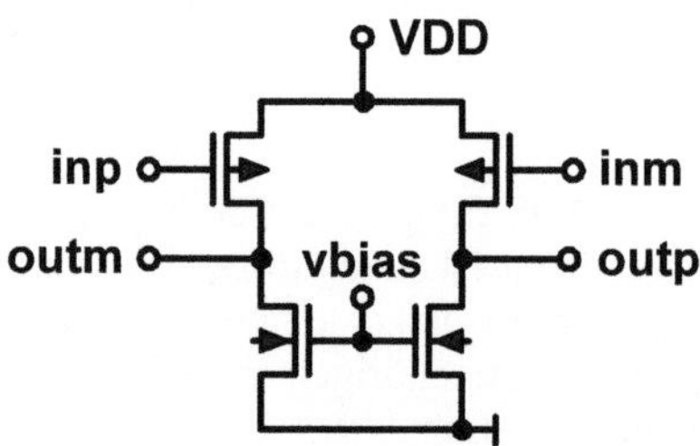

Abb. 2.7 Eingangsdifferenzstufe in pseudo-differentieller Schaltungstechnik

2.4.4 Switched-Current Schaltungen

Switched-Current Schaltungen bestehen ausschließlich aus Transistoren und sind daher voll kompatibel zu digitalen CMOS Technologien. Es kann eine große Bandbreite erreicht werden. Switched-Current Schaltungen repräsentieren die Signale nicht in Spannungen, sondern in Strömen. Hieraus ergibt sich ein kleiner erforderlicher Spannungs-Dynamikbereich der Signale. Außerdem werden keine Operationsverstärker benötigt. Aus diesen Gründen eignet sich dieses Prinzip sehr gut für den Betrieb bei niedrigen Versorgungsspannungen.

Da die Ströme allerdings in Form von Spannungen auf den Gates entsprechender Stromquellentransistoren gespeichert werden, ist diese Schaltungstechnik sehr empfindlich gegenüber nichtidealen Eigenschaften der Schalter. Obwohl verschiedene Techniken zur Unterdrückung parasitärer Effekte verwendet werden [Tan_96], sind die resultierenden Verzerrungen immer noch um Größenordnungen höher im Vergleich zu SC-Schaltungstechniken. Daher kann diese Schaltungstechnik nur bei geringen Linearitätsanforderungen verwendet werden.

In Abb 2.8 ist für diese Technik beispielhaft die Switched-Current Grundzelle dargestellt wie sie in [Tan_95] verwendet wird. Die publizierte Schaltung arbeitet bei einer Versorgungsspannung von 1.2V und verwendet Transistoren mit einer Einsatzspannung von ~0.8V.

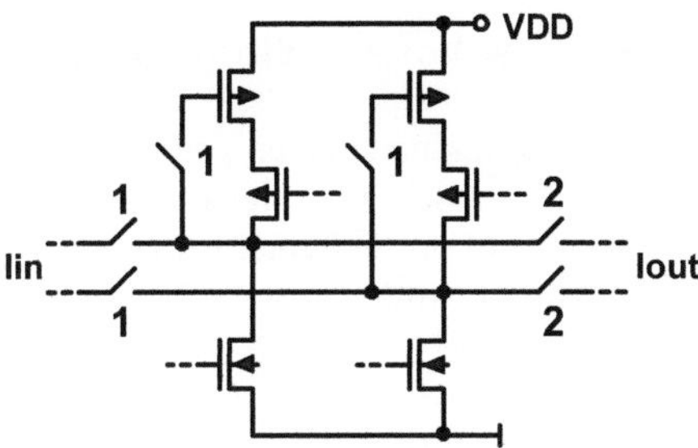

Abb. 2.8 Voll differentielle Switched-Current Memory-Zelle für niedrige Versorgungs-spannungen

2.4.5 Current-Mode Schaltungen

Das Schalten bzw. Umlenken von Strömen wird in Current-Mode Schaltungen verwendet. Die Signalrepräsentation in Strömen führt zu einem geringen Spannungs-Dynamikbereich, was diese Schaltungen für niedrige Versorgungsspannungen attraktiv macht. Diese Schaltungen können eine große Bandbreite erreichen.

Beispiele für Current-Mode Schaltungen sind Current-steering D/A-Wandler [Raz_95, Tan_97] und Folding [Pla_94, Blu_02] bzw. Current-interpolating A/D-Wandler [Son_00].

Abb. 2.9 zeigt eine voll segmentierte Current-steering D/A-Wandler Architektur [Raz_95]. Das binäre Eingangssignal wird in einen Thermometercode gewandelt, der jeweils eine Stromquelle umschaltet. Der Ausgangsstrom I_{OUT} wird in diesem Beispiel über einen Widerstand in eine Spannung V_{OUT} umgewandelt. Für hohe Auflösungen kommt es hier jedoch zu einem hohen Flächenbedarf sowohl für analoge als auch für digitale Schaltungsteile und zu sinkender Bandbreite wegen steigender parasitärer Kapazitäten.

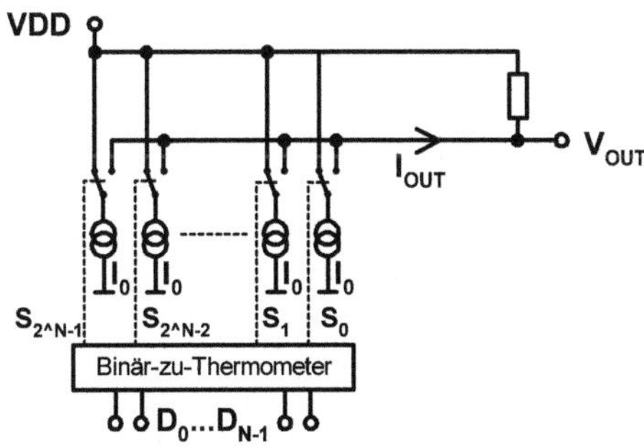

Abb. 2.9 Voll segmentierte Current-steering D/A-Wandler Architektur

2.4.6 Verwendung von Low-Voltage Stromspiegeln

Ein für sehr geringe Versorgungsspannungen geeigneter Stromspiegel ist in Abb. 2.10 dargestellt [Pel_98]. Es handelt sich hier um einen kaskadierten Stromspiegel, dessen Eingangssignal nicht am üblichen Eingang (I_{IN2}), sondern in einen internen Knoten (I_{IN1}) eingespeist wird. Diese Art der Einspeisung des Eingangsstromes hat den Vorteil, dass die Höhe der erforderlichen Eingangsspannung hier nur einer Drain-Source-Sättigungsspannung V_{DSsat} entspricht. Bei der Einspeisung über den Eingang I_{IN2} ist die erforderliche Eingangsspannung in etwa gleich der Eingangsspannung beim Standardstromspiegel. Der Ausgangsstrom dieses Stromspiegels ist gleich der Summe der Ströme der beiden Eingänge multipliziert mit dem Flächenverhältnis der Stromspiegeltransistoren.

Unter Verwendung derartiger Low-Voltage Stromspiegel wird in [Pel_98] ein volldifferentieller Operationsverstärker für eine Versorgungsspannung von 0.9V bei einer Transistoreinsatzspannung von ~0.6V vorgestellt. Der Operationsverstärker funktioniert bei extrem niedrigem VDD/V_T-Verhältnis und hat durch Verwendung eines AB-Betriebes eine hohe Leistungseffizienz. Nachteilig sind hier jedoch eine starke Empfindlichkeit gegenüber Schwankungen der Versorgungsspannung, was einen Betrieb nur in einem sehr engen Versorgungsspannungsbereich erlaubt.

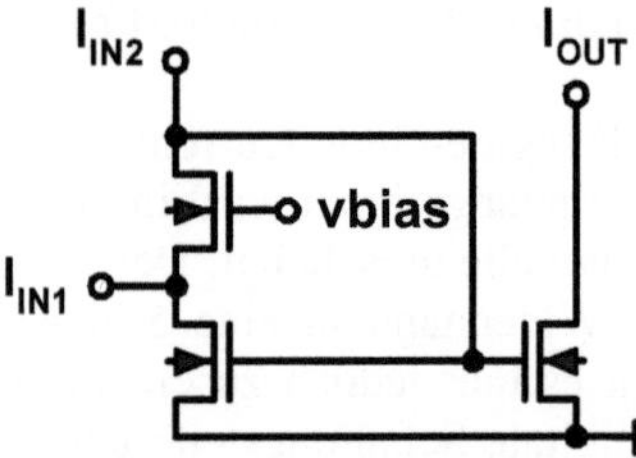

Abb. 2.10 Für sehr niedrige Versorgungsspannungen geeigneter Stromspiegel

2.4.7 Schaltungen zur Gleichspannungspegelverschiebung

Um den Betriebsbereich einzelner Schaltungsteile optimal auszunutzen, können Schaltungen zur Gleichspannungspegelverschiebung Verwendung finden. Hiermit können z.B. die Spannungspegel an den Ein- und Ausgängen von Operationsverstärkern individuell eingestellt oder innerhalb von Schaltungen Gleichspannungspegel optimal angepasst werden. Solche Schaltungen finden insbesondere dann Anwendung, wenn die Summe der Einsatzspannungen der Transistoren kleiner ist als die Versorgungsspannung der Schaltung.

Abb. 2.11 zeigt Schaltungen zur Gleichspannungspegelverschiebung für zeitkontinuierliche und zeitdiskrete Schaltungen. Abb. 2.11(a) zeigt einen zeitkontinuierlichen Verstärker. Die Gleichspannungspegel am Eingang der Schaltung, am invertierenden Eingang des Operationsverstärkers und am Ausgang der Schaltung sind bei symmetrischer Ansteuerung bezüglich Analogmasse gleich. Wird am invertierenden Eingang des Operationsverstärkers ein Konstantstrom eingespeist (Abb. 2.11(b)), kann der Gleichspannungspegel am Eingang des Operationsverstärkers verschoben werden [Kar_00]. Als Beispiel für eine zeitdiskrete Schaltung ist in Abb. 2.11(c) ein Integrierer in Switched-Opamp Technik dargestellt (siehe auch Kap. 2.4.9.1). Um hier eine Gleichspannungspegelverschiebung zu erreichen, muss mit jedem Takt eine bestimmte Ladungsmenge eingespeist werden. Dies wird durch einen zusätzlichen Kondensator erreicht (Abb. 2.11(d)), der bei jedem Takt mit VDD geladen und in der zweiten Taktphase in den inneren Knoten der Schaltung entladen wird [Bas_94].

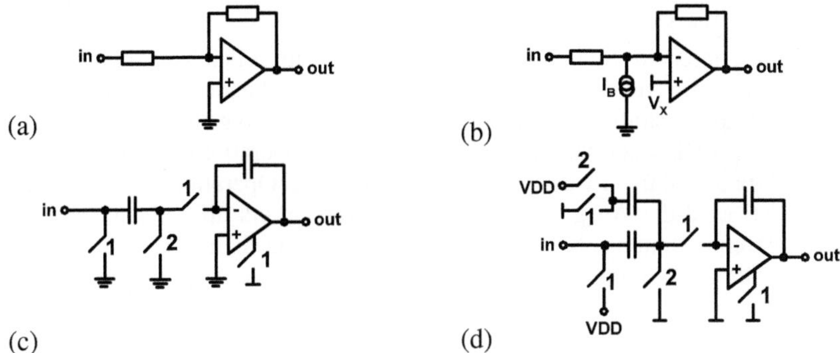

Abb. 2.11 Schaltungen zur Gleichspannungspegelverschiebung: zeitkontinuierlicher Verstärker (**a**) ohne und (**b**) mit Gleichspannungspegelverschiebung; Integrierer in Switched-Opamp Technik (**c**) ohne und (**d**) mit Gleichspannungspegelverschiebung

2.4.8 Zeitkontinuierliche Schaltungen mit Gleichspannungspegelverschiebung

Zeitkontinuierliche Schaltungen haben bei niedrigen Versorgungsspannungen den Vorteil, dass hier keine Schalter benötigt werden. Unter Verwendung einer Gleichspannungspegelverschiebung sind zeitkontinuierliche Schaltungen daher gut geeignet für die Verwendung bei sehr niedrigen Versorgungsspannungen. Nachteilig für viele Anwendungen ist hier die bekannte starke Empfindlichkeit gegenüber Parameterstreuungen. Außerdem ist die Linearität solcher Schaltungen von der Güte der Stromquellen abhängig, die zur Gleichspannungspegelverschiebung verwendet werden.

Ein Beispiel für eine solche Schaltungstechnik ist in [Kar_00] zu finden. Hier wird ein auf einem R-2R Netzwerk basierender 1V D/A-Wandler vorgestellt, welcher Transistoren mit einer Einsatzspannung von 0.6V bzw. 0.8V verwendet.

2.4.9 Zeitdiskrete Schaltungen mit Gleichspannungspegelverschiebung

2.4.9.1 Switched-Opamp Schaltungstechnik

Die Switched-Opamp Schaltungstechnik ist eine für niedrige Versorgungsspannungen angepasste Form der Switched-Capacitor Schaltungstechnik [Unb_89].

Durch geschicktes Auswählen der Referenzspannungen wird erreicht, dass die Vielzahl der Schalter in einem bei niedrigem VDD/V_T-Verhältnis nutzbaren Spannungsbereich arbeitet. Wo das nicht erreicht werden kann, wird die Schaltfunktion durch einen geschalteten Operationsverstärker bewerkstelligt [Ste_93, Pel_97]. In Verbindung mit einer Schaltung zur Gleichspannungspegelverschiebung [Bas_94] kann hier ein Betrieb für sehr niedrige Versorgungsspannungen erreicht werden [Bas_97, Pel_98, Sau_02a].

Ein Integrierer in Switched-Opamp Technik mit Gleichspannungspegelverschiebung und die Ausgangsbeschaltung einer entsprechenden vorherigen Stufe ist in Abb. 2.12 dargestellt. Die Spannungspegel sind hier so gewählt, dass die Schalter entweder VDD oder Massepegel schalten. Der Operationsverstärker ist nur in einer Taktphase aktiv. In der Taktphase, in der der Operationsverstärker ausgeschaltet ist, wird der Ausgang des Operationsverstärkers über einen Schalter mit einer Referenzspannung, hier VDD, verbunden (gestrichelte Linien). Die Schaltung zur Gleichspannungspegelverschiebung ist durch eine punktierte Linie gekennzeichnet.

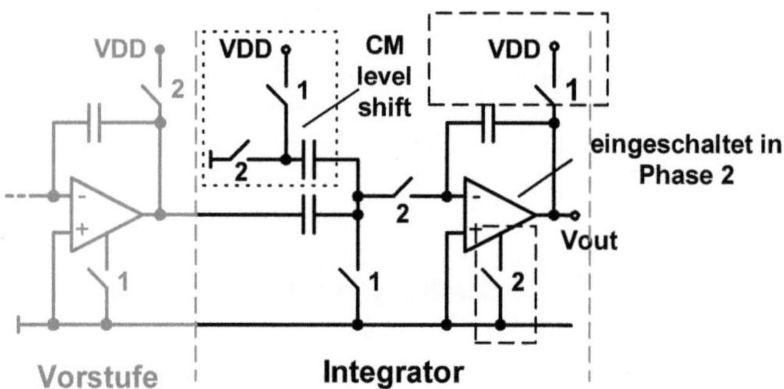

Abb. 2.12 Integrierer in Switched-Opamp Technik mit Gleichspannungspegelverschiebung

2.4.9.2 Reset-Opamp Schaltungstechnik

Die Reset-Opamp Schaltungstechnik [Wan_01] ist wie die Switched-Opamp Schaltungstechnik eine für niedrige Versorgungsspannungen angepasste Form der Switched-Capacitor Schaltungstechnik. In Verbindung mit einer Schaltung zur Gleichspannungspegelverschiebung [Kes_01] können ähnlich niedrige Versorgungsspannungen wie mit Switched-Opamp Schaltungen erreicht werden.

Der Unterschied zur Switched-Opamp Schaltungstechnik besteht darin, dass der Operationsverstärker hier immer aktiv bleibt. Im Vergleich zur Switched-Opamp Schaltung von Abb. 2.12, wo der Ausgang des Operationsverstärkers in Taktphase 1 durch einen Schalter mit VDD verbunden wird, wird in der Reset-Opamp Schaltung (Abb. 2.13) der Ausgang des Operationsverstärkers in dieser Taktphase aktiv auf VDD gezogen. Dies wird durch Rückkopplung eines auf VDD aufgeladenen Kondensators erreicht, welcher in Abb. 2.13 durch eine VDD-Gleichspannungsquelle dargestellt ist (gestrichelte Linien). Dies hat einerseits den Vorteil, dass der Operationsverstärker immer aktiv bleibt und keine Zeit für den Einschaltvorgang des Operationsverstärkers verloren geht. Andererseits kommt es zu einer verlängerten Systemeinschwingzeit, die von zwei in Serie geschalteten Operationsverstärkern abhängt. Ein weiterer Nachteil im Vergleich zur Switched-Opamp Schaltungstechnik ist die größere Leistungsaufnahme. Eine Weiterentwicklung dieser Schaltungstechnik bietet die Möglichkeit diese Nachteile zu verringern. Die Schaltung zur Gleichspannungspegelverschiebung ist wiederum durch eine punktierte Linie hervorgehoben.

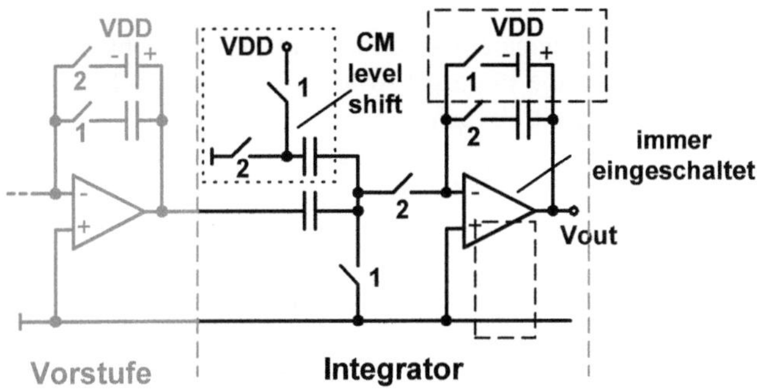

Abb. 2.13 Integrierer in Reset-Opamp Technik mit Gleichspannungspegelverschiebun

2.5 Vergleich der Lösungsansätze

Die Verwendung von zusätzlichen Prozessoptionen stellt den einfachsten und schnellsten Weg dar, bei sinkender Versorgungsspannung analoges Schaltungsdesign zu ermöglichen. Nachteile der Prozessskalierung auf analoge Schaltungen werden hierdurch abgemildert. Nachteilig wirken sich hierbei aber die zusätzlichen Kosten aus.

Lokale Spannungsüberhöhungen können dazu beitragen, die Leistungsfähigkeit von analogen Schaltungen bei sehr niedrigen Versorgungsspannungen signifikant zu verbessern. Dies führt aber dazu, dass bestimmte Bauelemente einer Schaltung einem erhöhten Stress ausgesetzt sind, falls für diese keine speziellen Prozessoptionen verwendet werden. Daher sind derartige Schaltungstechniken nur in Verbindung mit passenden Zusatzoptionen sinnvoll.

Aufgrund der in Kapitel 2.4 dargestellten Eigenschaften scheiden Schaltungen im Unterschwellenbereich, Schaltungen unter Ausnutzung von Substratsteuereffekten und pseudodifferentielle Schaltungen für die Vielzahl der Anwendungen aus. Die Anwendung von Switched-Current und Current-Mode Schaltungen ist auf bestimmte Anwendungen beschränkt.

Schaltungen unter Verwendung von Low-Voltage Stromspiegeln sind für sehr niedrige Versorgungsspannungen geeignet, zeigen aber in bisherigen Veröffentlichungen eine sehr große Empfindlichkeit gegenüber Schwankungen der Versorgungsspannung.

Schaltungen zur Verschiebung der Gleichspannungspegel sind bei niedrigem Verhältnis von VDD zu V_T unerlässlich. Sowohl zeitkontinuierliche, als auch zeitdiskrete SC-Schaltungen mit Gleichspannungspegelverschiebung bieten sich daher an, um analoge CMOS-Schaltungen für den Betrieb bei niedrigen Versorgungsspannungen ohne spezielle Prozessoptionen zu realisieren. Diese Schaltungen sind im Vergleich zu den anderen Schaltungstechniken ohne Verwendung spezieller Prozessoptionen relativ universell einsetzbar und vergleichsweise kostengünstig fertigbar.

Da es das Ziel der vorliegenden Arbeit ist, auf prozesstechnische Zusatzoptionen zu verzichten, werden die in dieser Arbeit diskutierten Schaltungsbeispiele in letztgenannter Schaltungstechnik realisiert.

3 Sigma-Delta-Modulatoren in Switched-Opamp Technik

Sigma-Delta($\Sigma\Delta$)-Modulatoren bilden das Kernstück von A/D- bzw. D/A-Wandlern, welche auf dem Prinzip der Sigma-Delta-Modulation basieren [Can_92]. Solche Wandler werden verwendet um Signale relativ geringer Bandbreite mit hoher Auflösung umzuwandeln. Hierbei bestehen moderate Anforderungen sowohl an das Matchingverhalten der verwendeten Komponenten als auch an die Eigenschaften der analogen Schaltungsteile. Daher ist dieses Modulationsverfahren gut für Realisierungen in CMOS Technologie geeignet. Ist der $\Sigma\Delta$-Modulator analog ausgeführt, so findet er Anwendung im A/D-Wandler, für die Anwendung im D/A-Wandler muss eine digitale Ausführung verwendet werden.

Im folgenden Kapitel werden verschiedene Implementierungen von analogen $\Sigma\Delta$-Modulatoren für die Anwendung in A/D-Wandlern vorgestellt.

3.1 Grundlagen von Sigma-Delta A/D-Wandlern

3.1.1 Übersicht

$\Sigma\Delta$-A/D-Wandler bestehen aus zwei Blöcken, einem analogen $\Sigma\Delta$-Modulator und einem digitalen Dezimierungsfilter (Abb. 3.1).

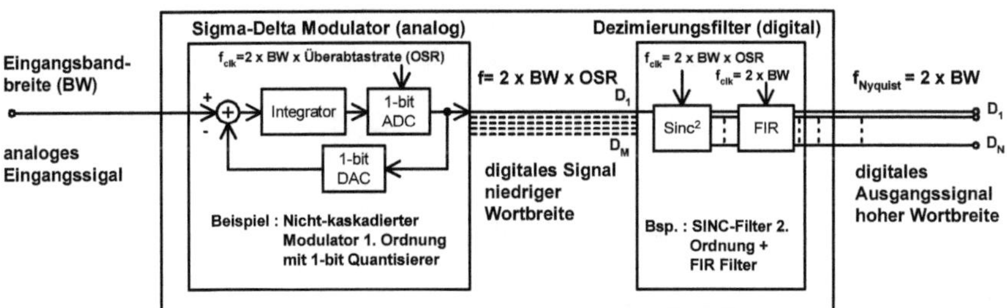

Abb. 3.1 Prinzipieller Aufbau eines auf dem Prinzip der Sigma-Delta-Modulation basierenden A/D-Wandlers

Die Aufgabe des $\Sigma\Delta$-Modulators ist hierbei, das analoge, niederfrequente Eingangssignal des A/D-Wandlers (ADC) in ein digitales, hochfrequentes, pulsdichtemoduliertes Signal niedriger Auflösung umzuwandeln. Das digitale Dezimierungsfilter hat die Aufgabe, dieses Signal in ein digitales, niederfrequentes Signal hoher Auflösung umzuwandeln, welches das Ausgangssignal des A/D-Wandlers darstellt.

3.1.2 Sigma-Delta-Modulator

Die eigentliche A/D-Wandlung wird von dem $\Sigma\Delta$-Modulator vorgenommen. Dieser besteht im einfachsten Fall aus einem analogen Addierer, einem Integrierer, einem 1-bit A/D-Wandler und einem 1-bit D/A-Wandler (DAC) wie bei dem in Abb. 3.1 dargestellten Modulator 1. Ordnung. Wichtige Prinzipien der $\Sigma\Delta$-Modulation sind Überabtastung und Noiseshaping. Unter Überabtastung versteht man hierbei das um den Überabtastfaktor höhere Abtasten der zu wandelnden Signale im Vergleich zu der systemtheoretisch nötigen Nyquistfrequenz, welche gleich der doppelten Bandbreite des Eingangssignales ist. Als Noiseshaping bezeichnet man die Formung der Übertragungsfunktion des durch die grobe Quantisierung des internen A/D-Wandlers entstehenden Quantisierungsrauschens am Ausgang des Modulators.

Durch Kombination von Überabtastung und Noiseshaping wird erreicht, dass in dem spektralen Bereich des Modulatorausgangssignales, in dem das Modulatoreingangssignal liegt, wenig Quantisierungsrauschen auftritt. Dieser Bereich kann sowohl durch Tiefpass- als auch Bandpassverhalten charakterisiert sein. In der vorliegenden Arbeit wird anwendungsbedingt ein Tiefpassverhalten verwendet.

$\Sigma\Delta$-Modulatoren können sowohl unter Verwendung zeitkontinuierlicher Filter als auch unter Verwendung zeitdiskreter Filter aufgebaut sein. Man spricht dementsprechend von Modulatoren mit zeitkontinuierlichen bzw. zeitdiskreten Schleifenfiltern. Da die realisierten Schaltungsbeispiele zeitdiskrete Filterfunktionen verwenden, werden diese auch in den allgemeinem Erläuterungen beschrieben. Die Beschreibung von zeitdiskreten Systemen erfolgt vorteilhafterweise im Bildbereich der z-Transformation.

Aus systemtheoretischer Sicht kann ein nichtkaskadierter $\Sigma\Delta$-Modulator durch das Blockschaltbild gemäß Abb. 3.2 dargestellt werden. Das System besteht aus

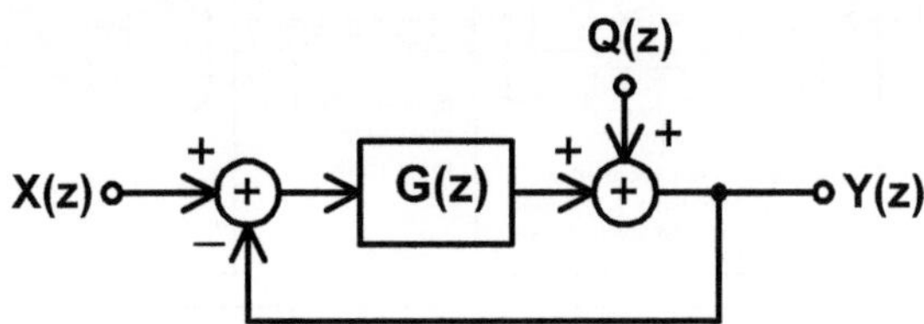

Abb. 3.2 Allgemeines Blockschaltbild eines nichtkaskadierten Modulators aus systemtheoretischer Sicht

einem Addierer, einer Vorwärtsübertragungsfunktion G(z) und einem Quantisierer. Dieser kann wie in Abb. 3.1 als 1-bit A/D- und 1-bit D/A-Wandler realisiert sein oder auch eine höhere Auflösung als 1-bit besitzen. Addierer und Vorwärtsübertragungsfunktion weisen lineares Verhalten auf. Der Quantisierer ist stark nichtlinear. In erster Näherung kann man die Übertragungsfunktion des Quantisierers jedoch als additive Rauschquelle modellieren, welche zum Ausgangssignal von G(z) den im Quantisierer entstehenden Quantisierungsfehler Q(z) hinzufügt.

Das Ausgangssignal des Modulators Y(z) ergibt sich daher als Summe des Modulatoreingangssignales X(z) multipliziert mit der sogenannten Signalübertragungsfunktion $H_X(z)$ und des im Quantisierer entstehenden Quantisierungsrauschens Q(z) multipliziert mit der sogenannten Rauschübertragungsfunktion $H_E(z)$:

$$Y(z) = X(z)H_X(z) + Q(z)H_E(z) \qquad (3.1)$$

mit

$$X(z) = Modulatoreingangssignal$$

$$Y(z) = Modulatorausgangssignal$$

$$Q(z) = Quantisierungsrauschen$$

$$H_X(z) = Signalübertragungsfunktion$$

$$H_E(z) = Rauschübertragungsfunktion$$

Die Signalübertragungsfunktion $H_X(z)$ und die Rauschübertragungsfunktion $H_E(z)$ ergeben sich hierbei direkt aus der Vorwärtsübertragungsfunktion G(z) des Modulators:

$$H_X(z) = \frac{Y(z)}{X(z)} = \frac{G(z)}{1 + G(z)} \qquad (3.2)$$

mit

$$G(z) = Vorwärtsübertragungsfunktion$$

$$H_E(z) = \frac{Y(z)}{Q(z)} = \frac{1}{1 + G(z)} \qquad (3.3)$$

Die Vorwärtsübertragungsfunktion G(z) hat die allgemeine Form:

$$G(z) = \frac{a_o + a_1 z^{-1} + a_2 z^{-2} + ... + a_n z^{-n}}{b_o + b_1 z^{-1} + b_2 z^{-2} + ... + b_b z^{-n}} \qquad (3.4)$$

Da für die Realisierbarkeit in einem zeitdiskreten System im Regelkreis eine volle Verzögerung vorhanden sein muss, ergibt sich die Forderung:

$$a_0 = 0 \tag{3.5}$$

Im Beispiel des in Abb. 3.1 dargestellten Modulators 1. Ordnung ergibt sich die in Abb. 3.3 gezeigte Architektur im z-Bereich. Die Vorwärtsübertragungsfunktion $G(z)=z^{-1}/(1-z^{-1})$ stellt hierbei das Übertragungsverhalten eines Integrators erster Ordnung dar. Der 1-bit A/D-Wandler wird durch einen Komparator realisiert. Der D/A-Wandler spielt systemtheoretisch keine Rolle, weil hier kein Quantisierungsrauschen entsteht. Es wird hier, wie auch in allen weiteren in der Arbeit vorkommenden Modulatorarchitekturen, darauf verzichtet, den Komparator wie in Abb. 3.2 zu modellieren, indem das durch die Vorwärtsübertragungsfunktion gefilterte Signal und das Quantisierungsrauschsignal aufsummiert werden. Bei der Deutung der Rauschübertragungsfunktion sollte man diesen Zusammenhang jedoch stets beachten.

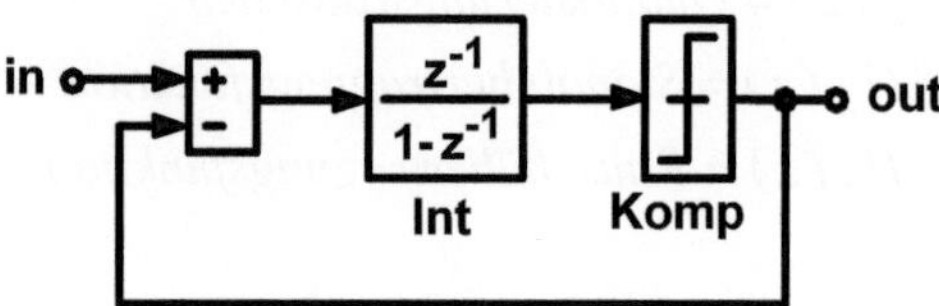

Abb. 3.3 Architektur eines Modulators 1. Ordnung, Darstellung im z-Bereich

Als Systemübertragungsfunktion des Modulators ergibt sich:

$$Y(z) = X(z)z^{-1} + Q(z)\left(1 - z^{-1}\right) \tag{3.6}$$

Signalübertragungsfunktion $H_X(z)$ und die Rauschübertragungsfunktion $H_E(z)$ ergeben sich zu:

$$H_X(z) = z^{-1} \tag{3.7}$$

$$H_E(z) = 1 - z^{-1} \tag{3.8}$$

Das Modulatorausgangssignal in der z-Ebene ist daher gleich dem um einen Takt verzögertem Modulatoreingangssignal. Das Modulatoreingangssignal unterliegt also im Falle des dargestellten Modulators keinerlei Filterung sondern lediglich einer zeitlichen Verzögerung.

Das im Quantisierer entstehende Quantisierungsrauschen erscheint in einfach differenzierter Form am Modulatorausgang. Es wird daher bei niedrigen Frequenzen, d.h. im Bereich des Modulatoreingangssignales, unterdrückt und bei hohen Frequenzen, wo kein Nutzsignal anliegt, verstärkt.

Die Signalübertragungsfunktion von $\Sigma\Delta$-Modulatoren mit höherer Ordnung als eins bewirkt ebenfalls eine Verzögerung des Modulatoreingangssignales. Im niederfrequenten Bereich findet ebenfalls keine bzw. nur geringe spektrale Filterung statt. Die Rauschübertragungsfunktion von $\Sigma\Delta$-Modulatoren mit höherer Ordnung als eins bewirkt eine stärkere Hochpassfilterung des Quantisierungsrauschens im Vergleich zum Modulator erster Ordnung, was eine noch bessere Unterdrückung des Quantisierungsrauschens im niederfrequenten Bereich bedeutet.

3.1.3 Dezimierungsfilter

Das Dezimierungsfilter muss den großen Quantisierungsrauschanteil des Modulatorausgangssignals unterdrücken und eine Abtastratenreduktion vornehmen. Für den Fall, dass das analoge Eingangssignal nicht auf die Nyquistfrequenz bandbegrenzt ist, muss es außerdem diese Bandbegrenzung vornehmen. Der digitale Schaltungsaufwand für das Dezimierungsfilter ist stark von den Anforderungen an seine Filterfunktion abhängig. Da das Modulatorausgangssignal eine hohe Taktrate aufweist, ist es üblich, Bandbegrenzung und Taktratenreduktion in Stufen vorzunehmen, was zu einer mehrstufigen Lösung führt [Cro_83, Bra_91, Bra_94]. Die erste Stufe eines Dezimierungsfilters für einen Tiefpass-A/D-Wandlers erfolgt üblicherweise mit einem sehr effizient zu realisierenden SINC Filters [Chu_94], dessen Ordnung meist um eins höher ist als die Modulatorordnung. Es handelt sich hierbei um ein mittelwertbildendes Filter, dessen Übertragungsfunktion ein sin(x)/x-Verhalten aufweist. Diesem folgen, wie beispielsweise in Abb. 3.1 dargestellt, Filterstufen mit endlicher Impulsantwort (FIR: finite impulse response), welche meist eine höhere Ordnung besitzen. Am Ausgang des Dezimierungsfilters liegt ein digitales Signal hoher Wortbreite vor, welches das Ausgangssignal des $\Sigma\Delta$-A/D-Wandlers darstellt.

3.1.4 Wichtige Kenngrößen von Sigma-Delta-Modulatoren

Eine Reihe von Faktoren beeinflussen die mögliche Auflösung, die mittels eines $\Sigma\Delta$-Modulators erreicht werden kann. Wichtige Kenngrößen sind:

- die Überabtastrate
- die Ordnung des Modulators
- die verwendete Filterfunktion
- die Topologie
- die Anzahl von Quantisierungsstufen der internen A/D- und D/A-Wandler

Für alle Modulatoren gilt, dass mit zunehmender Überabtastrate auch die erreichbare Auflösung zunimmt.

Die Ordnung eines Modulators ist gleich der Ordnung der Rauschübertragungsfunktion des Modulators. Je höher die Ordnung des Modulators, desto höher ist die mögliche Auflösung.

Vergleicht man die mögliche Auflösung von Modulatoren gleicher Ordnung, stellt man fest, dass nicht nur die Ordnung der Rauschübertragungsfunktion, sondern auch die gewählte Filterfunktion einen großen Einfluss auf die Übertragungsfunktion hat [Rib_91]. Insbesondere bei Modulatoren höherer Ordnung, d.h. bei einer Ordnung größer als zwei, ist die Realisierbarkeit einer bestimmten Filterfunktion stark von der Topologie des Modulators und von der die Anzahl von Quantisierungsstufen der internen A/D- und D/A-Wandler abhängig.

Grundlegende Topologien für $\Sigma\Delta$-Modulatoren sind durch nichtkaskadierte Modulatoren (wie Abb. 3.2), welche auch als „Single-Loop" Modulatoren bezeichnet werden und durch kaskadierte Modulatoren gekennzeichnet. Kaskadierte Modulatoren entstehen meist durch Zusammenschaltung von nichtkaskadierten Modulatoren erster und zweiter Ordnung. Bei der Realisierung von Modulatoren höherer Ordnung werden häufig kaskadierte Topologien verwendet.

Je nach Anzahl der Quantisierungsstufen des internen A/D- und D/A-Wandlers spricht man vom „Single-Bit"- bzw. „Multi-Bit"-Modulator. Die Anzahl von Quantisierungsstufen der internen A/D- und D/A-Wandler erhöht die Auflösung des Modulators proportional zur Anzahl der verwendeten Quantisierungsstufen. Außerdem führt eine Erhöhung der Anzahl der Quantisierungsstufen auch zu einer Erhöhung der Stabilität des Modulators. Nachteilig an „Multi-Bit"-Lösungen ist, dass eine Nichtlinearität des D/A-Wandlers im Gegensatz zur stets linearen 1-bit Quantisierung zu einer Nichtlinearität des Modulators führt. Daher werden „Multi-Bit"-Lösungen meist in Verbindung mit „Errorshaping"-Techniken [Nys_96, Ada_98] verwendet, die den im D/A-Wandler auftretenden Linearitätsfehler unterdrücken.

Die maximale Auflösung eines Modulators wird bestimmt durch das Signal-Rauschverhältnis (SNR: signal-to-noise-ratio) und das Verhältnis von Signal zur Summe von Rauschen und Verzerrungen (SNDR: signal-to-noise-and-distortion-ratio). Die Bestimmung dieser Kenngrößen erfolgt aus dem Spektrum des Ausgangssignales des Modulators bei sinusförmigem Eingangssignal. Das Signal-Rauschverhältnis ergibt sich aus dem Verhältnis von Signalleistung (P_S) zur Rauschleistung (P_N) des Modulatorausgangssignales innerhalb der Signalbandbreite BW. Harmonische Verzerrungen werden hierbei nicht betrachtet.

$$SNR = 10 \; log_{10}\left(\frac{P_S}{P_N}\right) \tag{3.9}$$

Das Verhältnis von Signal zur Summe von Rauschen und Verzerrungen ergibt sich als Verhältnis von Signalleistung (P_S) zur Summe aus Rauschleistung (P_N)

und Leistung der harmonischen Verzerrungen (P_D) des Modulatorausgangssignales innerhalb der Signalbandbreite BW.

$$SNDR = 10 \; log_{10}\left(\frac{P_S}{P_N + P_D}\right)$$

(3.10)

Der Dynamikbereich (DR: dynamic range) des Modulators gibt das Verhältnis der Signalleistungen eines Eingangssignales mit maximaler Aussteuerung und minimal auflösbarer Aussteuerung an. Es wird aus dem Signal-Rauschverhältis bei unterschiedlichen Eingangsamplituden bestimmt. Der Dynamikbereich ergibt sich aus der Differenz der Eingangsamplitude bei welcher ein SNR von 0dB erreicht wird und der Eingangsamplitude bei der die SNR Kurve nach Erreichen ihres Maximalwertes um 3dB abfällt.

3.2 Verwendete Topologien

Die drei nachfolgend vorgestellte Modulatortopologien werden bei den in der Arbeit beschriebenen $\Sigma\Delta$-Modulatoren verwendet. Es handelt sich um eine nichtkaskadierte Topologie 2. Ordnung, eine nichtkaskadierte Topologie 3. Ordnung und eine kaskadierte Topologie 3. Ordnung.

3.2.1 Nichtkaskadierter Modulator 2. Ordnung

Die am häufigsten verwendete Modulatortopologie ist der nichtkaskadierte Modulator 2. Ordnung (Koc_86, Bos_88). Diese Struktur benötigt im Gegensatz zu einem Modulator 1. Ordnung zwei Integratoren. Dieser etwas höhere Schaltungsaufwand bietet jedoch eine Reihe von Vorteilen.

Der wichtigste Vorteil im Vergleich zum Modulator 1. Ordnung ist die wesentlich geringere Neigung des Modulators bei Gleichspannungen am Eingang bestimmte wiederkehrende Muster im Modulatorausgangssignal zu erzeugen. Solche Muster sind stark autokorelliert und führen zu sogenannten „Tönen" im Spektrum. Diese spektralen Komponenten führen zu einer Verringerung der Auflösung des $\Sigma\Delta$-A/D-Wandlers.

Außerdem verbessert sich die Rauschübertragungsfunktion, was dazu führt, dass das im Quantisierer entstehende Quantisierungsrauschen stärker hochpassgefiltert wird. Bei gleicher Überabtastrate des Wandlers ergibt sich daher eine höhere Auflösung des $\Sigma\Delta$-A/D-Wandlers. Da die Vorwärtsübertragungsfunktion durch die zwei verwendeten Integrierer erster Ordnung maximal eine Phasenverschiebung von 180° haben kann, ist ein solcher Modulator 2. Ordnung stets stabil.

Abb. 3.4 zeigt die Architektur des verwendeten Modulators 2. Ordnung. Der Modulator besteht aus zwei Integrierern, einem Komparator und zwei Summierern.

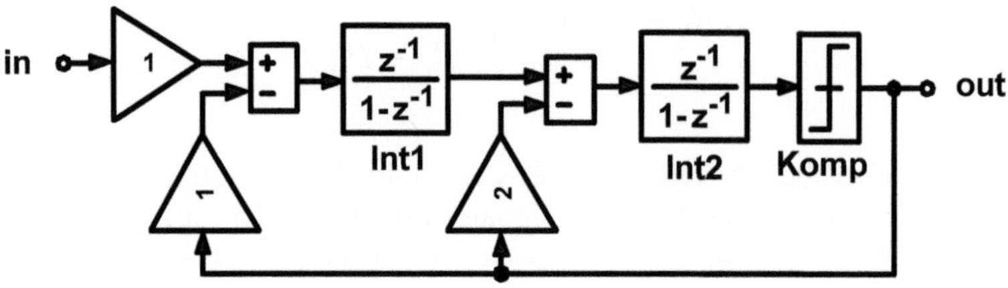

Abb. 3.4 Architektur des nichtkaskadierten Modulators 2. Ordnung

Modulatoren 2. Ordnung haben geringe Anforderungen an Verstärkung und Bandbreite der Operationsverstärker, welche in den Integratoren Verwendung finden. Die Anforderungen an die internen A/D- und D/A-Wandler sind aufgrund der Verwendung von nur zwei Quantisierungsstufen ebenfalls relativ gering. Zur A/D-Wandlung wird daher ein einfacher Komparator verwendet. Dieser kann im Gegensatz zu „Multi-bit" A/D-Wandlern aufgrund des hier verwendeten „Single-Bit"-Ansatzes keinen Linearitätsfehler bewirken. Im Falles des Modulators 2. Ordnung sind die Anforderungen an den Komparator bezüglich Offset und Hysterese ebenfalls gering.

Für die Signalübertragungsfunktion $H_X(z)$ und die Rauschübertragungsfunktion $H_E(z)$ ergibt sich:

$$H_X(z) = z^{-2} \tag{3.11}$$

$$H_E(z) = \left(1 - z^{-1}\right)^2 \tag{3.12}$$

Das Modulatorausgangssignal in der z-Ebene ist daher gleich dem um zwei Takte verzögerten Modulatoreingangssignal. Es unterliegt wie im Falle des Modulators 1. Ordnung keinerlei Filterung sondern lediglich einer zeitlichen Verzögerung.

Das im Quantisierer entstehende Quantisierungsrauschen erscheint in 2-fach differenzierter Form am Modulatorausgang. Es wird daher bei niedrigen Frequenzen stärker unterdrückt und bei hohen Frequenzen stärker verstärkt, als beim Modulator 1. Ordnung.

Für „Single-Bit"-Modulatoren, deren Rauschübertragungsfunktionen ein solches differenzierendes Verhalten aufweisen, kann der erreichbare Dynamikbereich mit Gleichung (3.13) abgeschätzt werden [Bra_91].

$$DR = 10 \ log_{10}\left(\frac{3}{2}\left(\frac{2L+1}{\pi^{2L}}\right)OSR^{2L+1}\right) \qquad (3.13)$$

mit $L = Modulatorordnung$

3.2.2 Nichtkaskadierter Modulator 3. Ordnung

Will man unter Beibehaltung der 1-bit Quantisierung der internen A/D- und D/A-Wandler die Taktfrequenz der Modulatoren bei gleicher Signal-Bandbreite weiter verringern, muss die Ordnung des Modulators erhöht werden. Die einfachste Möglichkeit besteht in der Erweiterung des Modulators 2. Ordnung durch Hinzufügen eines weiteren Integrierers. Die ideale Rauschübertragungsfunktion eines solchen Modulators 3. Ordnung würde ein 3-fach differenzierendes Verhalten aufweisen. Die Signalübertragungsfunktion wäre durch ein um drei Takte verzögertes Eingangssignal charakterisiert. Eine solche Modulatorstruktur ist jedoch bei Verwendung eines 1-bit Quantisierers nicht stabil.

Es muss eine Rauschübertragungsfunktion verwendet werden, die einerseits eine möglichst große Verbesserung im Vergleich zum Modulator zweiter Ordnung bringt und andererseits die Stabilität des Modulators noch nicht gefährdet. Ein für das analoge Schaltungsdesign wichtiger Zusammenhang für nichtkaskadierte 1-Bit Modulatoren höherer Ordnung besteht darin, dass bei gleicher Ordnung mit wachsender erreichbarer Auflösung des Modulators die Empfindlichkeit gegenüber Schwankungen der Modulatorkoeffizienten zunimmt. Optimale Koeffizienten für eine solche Modulatorstruktur sind also immer auch vom tolerierbaren Koeffizientenmismatch abhängig.

Zur Bestimmung der Filterfunktion wird eine Filterdesignmethode [Fer_90, Ada_91] in Kombination mit einem Systemsimulator [MWI_93b] und einem Optimierungstool [MWI_94b] verwendet (siehe Anhang A). Für die geforderte Rauschübertragungsfunktion wird eine Hochpassfunktion mit Butterworth-Hochpassverhalten zu Grunde gelegt. Die sich aus der konkreten Rauschübertragungsfunktion ergebende Modulatorfunktion wird mit dem Systemsimulator simuliert. Aus dem Ausgangsbitstrom wird die erreichbare Auflösung berechnet. Das Optimierungstool optimiert die Koeffizienten der Rauschübertragungsfunktion so, dass die Auflösung des Modulators möglichst hoch ist. Da mit steigender Schleifenverstärkung sowohl die Stabilität des Modulators als auch die Eingangsamplitude abnimmt, bei der die maximal erreichbare Auflösung erreicht wird, berechnet das Optimierungstool optimale Filterkoeffizienten unter Berücksichtigung einer bestimmten Stabilitätsreserve, die sich im zulässigen Koeffizientenmismatch ausdrückt.

Abb. 3.5 zeigt die Architektur des verwendeten Modulators 3. Ordnung. Es werden drei Integrierer, ein Komparator und drei Summierer benötigt.

Die Anforderungen bezüglich Verstärkung und Bandbreite der Operationsverstärker sind auch im Falle des nichtkaskadierten Modulator 3. Ordnung relativ gering. Im Gegensatz zum Modulator 2. Ordnung darf der Komparator jedoch nur eine geringe Hysterese aufweisen.

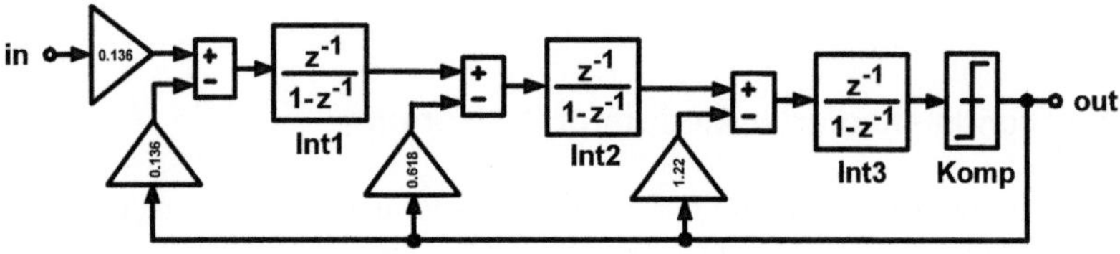

Abb. 3.5 Architektur des nichtkaskadierten Modulators 3. Ordnung

Die Signalübertragungsfunktion $H_X(z)$ und die Rauschübertragungsfunktion $H_E(z)$ ergeben sich zu:

$$H_X(z) = \frac{0.136z^{-3}}{1 - 1.78z^{-1} + 1.178z^{-2} - 0.262z^{-3}} \qquad (3.14)$$

$$H_E(z) = \frac{(1 - z^{-1})^3}{1 - 1.78z^{-1} + 1.178z^{-2} - 0.262z^{-3}} \qquad (3.15)$$

Das Modulatorausgangssignal unterliegt zusätzlich zur zeitlichen Verzögerung einer leichten Filterung. Die Signalübertragungsfunktion des nichtkaskadierten Modulators 3. Ordnung ist in Abb. 3.6 dargestellt. Die Frequenzachse ist auf die halbe Taktfrequenz des Modulators normiert. Die Übertragungsfunktion zeigt bei niedrigen Frequenzen, also in dem Frequenzbereich wo das Modulatoreingangssignal liegt, eine Amplitude nahe 0dB.

Das Quantisierungsrauschen wird besser hochpassgefiltert im Vergleich zum Modulator 2. Ordnung. Die Rauschübertragungsfunktion des Modulators weist aber kein 3-fach differenzierendes Verhalten auf, um die Stabilität des Modulators sicher zu stellen.

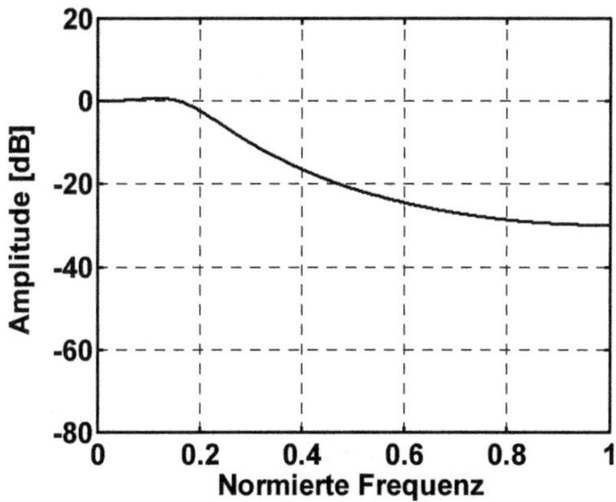

Abb. 3.6 Signalübertragungsfunktion des nichtkaskadierten Modulators 3. Ordnung

3.2.3 Kaskadierter Modulator 3. Ordnung

Die zweite Möglichkeit zur Realisierung eines Modulators 3. Ordnung besteht in der Verwendung einer kaskadierten Architektur. Dies kann geschehen durch Kaskadierung von drei Modulatoren 1. Ordnung oder durch Kaskadierung eines Modulators 2. Ordnung mit einem Modulator 1. Ordnung [Wil_91, Wit_00]. Die letztere Lösung unter Verwendung eines Modulators 2. Ordnung in der ersten Stufe und eines Modulators 1. Ordnung in der zweiten Stufe bietet Vorteile, weil sie weniger empfindlich gegenüber Koeffizientenschwankungen ist. Das Rauschen am Eingang der zweiten Stufe ist bereits 2-fach hochpassgefiltert und Fehler in der zweiten Stufe gehen somit weniger in das Verhalten des gesamten Modulators ein [Rib_91].

Abb. 3.7 zeigt die Architektur des kaskadierten Modulators 3. Ordnung. Der Modulator besteht aus drei Integrierern, zwei Komparatoren und drei Summierern. Der Schaltungsaufwand ist daher im Vergleich zum nichtkaskadierten Modulator 3. Ordnung etwas höher. Außerdem müssen die Signale der beiden digitalen Ausgänge noch in ein einfaches digitalen Filter eingespeist werden, indem einige einfache signalverarbeitende Algorithmen realisiert sind. Die nötige Filterfunktion ist in Abb. 3.7 angegeben. Nach dem Zusammenführen der Signale out1 und out2 entsteht das Modulatorausgangssignal out.

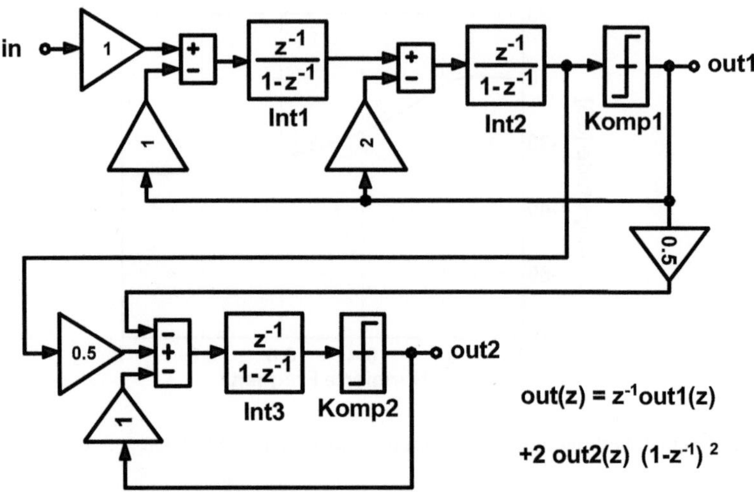

Abb. 3.7 Architektur des kaskadierten Modulators 3. Ordnung

Die Anforderungen der Operationsverstärker bezüglich Verstärkung sind bei diesem kaskadierten Modulator 3. Ordnung bezüglich Bandbreite ähnlich und bezüglich Verstärkung nur etwas größer im Vergleich zu den nichtkaskadierten Modulatoren. Die Anforderungen an die Komparatoren sind ähnlich wie beim Modulator 2. Ordnung.

Die Signalübertragungsfunktion $H_X(z)$ und die Rauschübertragungsfunktion $H_E(z)$ ergeben sich zu:

$$H_X(z) = z^{-3} \tag{3.16}$$

$$H_E(z) = \left(1 - z^{-1}\right)^3 \tag{3.17}$$

Das Modulatorausgangssignal ist im Falle des kaskadierten Modulators nur verzögert, es unterliegt keiner Filterung.

Das Quantisierungsrauschen liegt in 3-fach differenzierter Form am Ausgang des Modulators an. Bei der Rauschübertragungsfunktion handelt es sich hierbei um die Übertragungsfunktion des im zweiten Quantisierer entstehenden Quantisierungsrauschens. Das im ersten Quantisierer entstehende Quantisierungsrauschen wird durch den Modulator 1. Ordnung der zweiten Stufe komplett unterdrückt.

3.2.4 Vergleich der Rauschübertragungsfunktionen

Abb. 3.8 zeigt einen Vergleich der Rauschübertragungsfunktionen der drei verwendeten Modulatoren. Bezüglich Frequenz wird die gleiche Normierung wie in Abb. 3.6 verwendet, d.h. die Frequenz ist normiert auf die halbe Taktfrequenz der Modulatoren. Der nichtkaskadierte Modulator 2. Ordnung und der kaskadierte Modulator 3. Ordnung zeigen ein differenzierendes Hochpassverhalten.

Der nichtkaskadierte Modulator 3. Ordnung zeigt im Bereich niedriger Frequenzen ein Verhalten ähnlich dem des kaskadierten Modulators 3. Ordnung. Bei steigenden Frequenzen steigt die Rauschübertragungsfunktion jedoch stärker an als beim kaskadierten Modulator 3. Ordnung. Im Bereich hoher Frequenzen hat die Rauschübertragungsfunktion eine geringere Verstärkung.

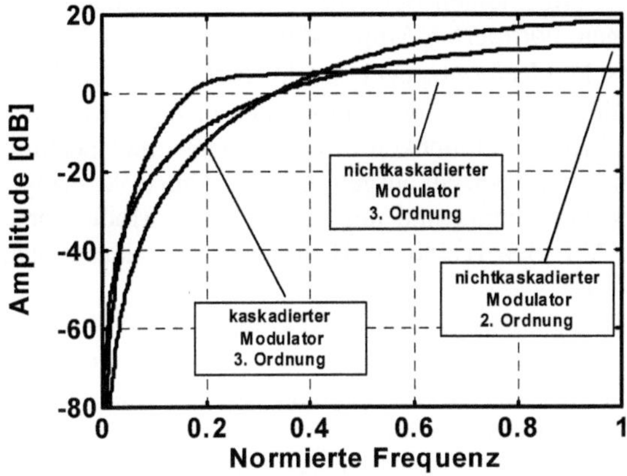

Abb. 3.8 Rauschübertragungsfunktionen der drei Modulatoren

3.3 Anpassung der Modulatoren an extrem niedrige Versorgungsspannung

Sollen die Modulatoren bei sehr niedrigen Versorgungsspannungen betrieben werden, ist eine Amplitudenskalierung notwendig, um den geringen zur Verfügung stehenden Dynamikbereich möglichst gut auszunutzen. Außerdem muss die Schaltung für den Betrieb mit Integratoren angepasst werden, welche eine Durchlaufzeit von einem halben Takt aufweisen. Diese sogenannten „half delay"-Integratoren werden für den Betrieb in Switched-Opamp Schaltungstechnik benötigt.

3.3.1 Skalierung für extrem niedrige Versorgungsspannung

Die in Kapitel 3.2 vorgestellten Modulatorarchitekturen weisen die für die Realisierung eines $\Sigma\Delta$-Modulators erforderlichen Signal- und Rauschübertragungsfunktionen auf. Für das Erzielen einer bestimmten Übertragungsfunktion sind die an den verschiedenen Knoten der Architektur auftretenden Amplituden im Prinzip unwesentlich. Für das analoge Schaltungsdesign sind die auftretenden Amplituden jedoch maßgeblich.

Für den in Abb. 3.5 gezeigten nichtkaskadierten Modulator 3. Ordnung sind in Abb. 3.9 die auftretenden Amplituden bei einem sinusförmigen Eingangssignal V_{in} mit einer Amplitude der halben Referenzspannung V_{ref} dargestellt. Bei dieser Spannung kann man von dieser Modulatorstruktur das Maximum an Auflösung zu erwarten. Bei den allgemeinen Betrachtungen zur Modulatorskalierung wird stets von symmetrischen, normierten Amplituden ausgegangen. D.h. in diesem Fall, bei einem symmetrischen Referenzpegel von ± 1, beträgt die Amplitude des Eingangssignales ± 0.5. Die Darstellung der Amplituden erfolgt in Form eines Histogrammes, in dem die Wahrscheinlichkeit des Auftretens eines bestimmten Spannungswertes über dem Eingangspegel aufgetragen ist. Abb. 3.9(a) zeigt das Histogramm am Eingang des Modulators und am Ausgang des Modulators. In Abb. 3.9(b), Abb. 3.9(c) und Abb. 3.9(d) sind die Histogramme an den Ausgängen der drei Integrierer dargestellt.

Das sinusförmige Eingangssignal zeigt eine für sinusförmige Signale charakteristische Verteilung bei einer Amplitude von ± 0.5. Der Ausgang des Modulators, der hier mit dem Ausgang des Komparators identisch ist, zeigt die beiden Referenzpegel von -1 und 1 (Abb. 3.9(a)).

Die Spannungen an den Ausgängen der einzelnen Integrierer sind stark unterschiedlich. Die größte auftretende Amplitude am Ausgang des ersten Integrierers hat einen Wert von ca. $0.6 \times V_{ref}$ (Abb. 3.9(b)). Der zweite und der dritte Integrierer arbeiten an ihren Ausgängen mit einem wesentlich größeren Spannungsbereich. Dessen Grenzen überschreiten sogar die normierten Referenzspannungen (Abb. 3.9(c), Abb. 3.9(d)).

Grundsätzlich ist es möglich eine Anpassung der Modulatoramplituden an die Analogschaltungstechnik vorzunehmen, indem die Referenzspannungen soweit skaliert werden, dass die höchste auftretende Amplitude an allen Knoten des Modulators dem maximalen Betriebsbereich der analogen Schaltungen entspricht. Dies führt jedoch dazu, dass sich die Aussteuerungen an den verschiedenen Knoten des Modulators stark unterscheiden und der verfügbare Dynamikbereich der Schaltungen somit nicht ausgenutzt wird. Da aber der verfügbare Dynamikbereich wegen der sehr geringen Versorgungsspannung ohnehin recht klein ist, ist es nötig, diesen möglichst gut auszunutzen.

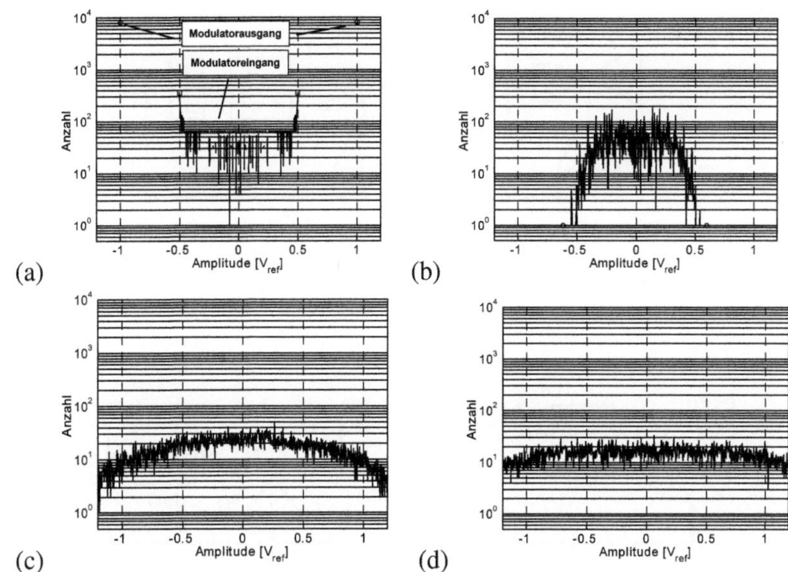

Abb. 3.9 Histogramme des unskalierten nichtkaskadierten Modulators 3. Ordnung bei sinusförmigem Eingangssignal (V_{in}=0.5 $\times$ V_{ref}, f_{in}=f_{clk} /512): (**a**) Modulatoreingang und -ausgang, (**b**) Ausgang des ersten Integrierers, (**c**) Ausgang des zweiten Integrierers, (**d**) Ausgang des dritten Integrierers (insgesamt 16384 Abtastpunkte dargestellt, Amplitudenabstufung 0.0025 $\times$ V_{ref})

Dies kann durch eine lineare Skalierung geschehen. Betrachtet man den Modulator, so kann dieser mit Ausnahme des Komparators als lineares zeitinvariantes System (LTI-System: linear time-invariant system) angesehen werden. Der lineare Teil des Modulators kann entsprechend den Gesetzmäßigkeiten für LTI-Systeme [Kre_89] skaliert werden. Auf diese Weise ist es möglich, die maximale Amplitude an den Ausgängen der Integrierer auf jeden beliebigen Spannungswert zu skalieren.

Die drei Modulatorarchitekturen aus Kapitel 3.2 werden so skaliert, dass die auftretenden Amplituden bei maximaler Amplitude des Eingangssignales das 0.7-fache der Referenzspannung nicht überschreiten. Hierdurch werden die an den Ausgängen der Integrierer auftretenden Spannungen an den Betriebsbereich der Operationsverstärkerausgangsstufen angepasst. Außerdem wird der Eingangszweig des Modulators derart skaliert, dass die maximale Auflösung der Modulatoren bei einer Amplitude von ca. 0.3×V_{ref} erreicht wird. Diese Skalierung erfolgt, um den Eingangsspannungsbereich des Modulators an den Betriebsbereich der Schalter anzupassen, welche das Eingangssignal schalten müssen. In Abb. 3.10, Abb. 3.11 und Abb. 3.12 sind die für niedrige Versorgungsspannung skalierten Modulatortopologien dargestellt.

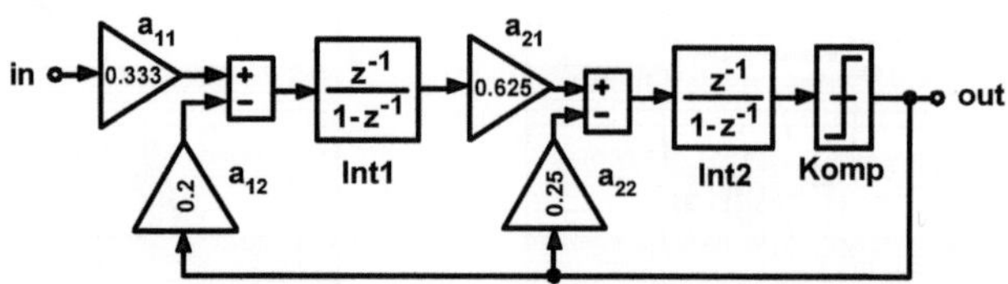

Abb. 3.10 Architektur des für niedrige Versorgungsspannung skalierten nichtkaskadierten Modulators 2. Ordnung

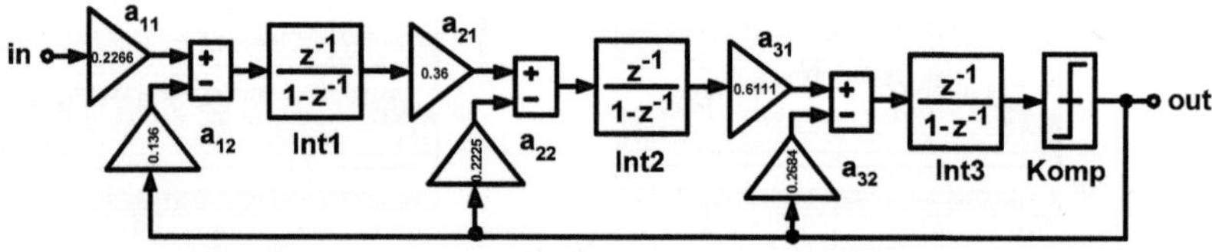

Abb. 3.11 Architektur des für niedrige Versorgungsspannung skalierten nichtkaskadierten Modulators 3. Ordnung

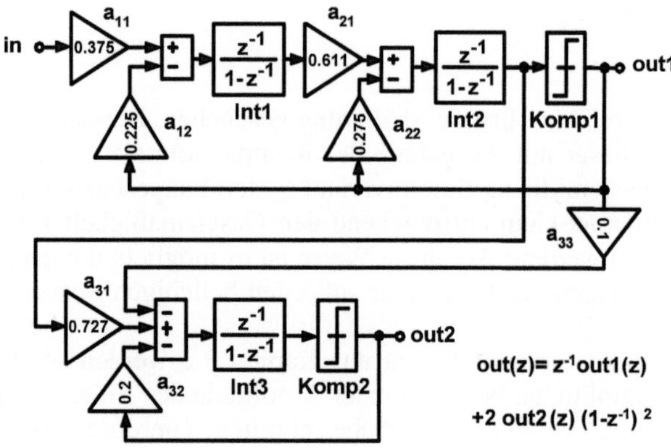

Abb. 3.12 Architektur des für niedrige Versorgungsspannung skalierten kaskadierten Modulators 3. Ordnung

Abb. 3.13 zeigt wieder die Histogramme für den nun skalierten nichtkaskadierten Modulator 3. Ordnung. Das Eingangssignal einer Amplitude von $0.3 \times V_{ref}$ entspricht bei der verwendeten Skalierung des Modulatoreingangszweiges exakt der

Aussteuerung des in Abb. 3.9 gezeigten Histogrammes des unskalierten Modulators. Die Frequenz des Eingangssignales ist ebenfalls identisch. D.h. das angelegte Signal führt zu einem identischen Ausgangsspektrum im Vergleich zum nichtskalierten Modulator mit einer Amplitude von $0.5 \times V_{ref}$.

Abb. 3.13(a) unterscheidet sich nur in der um den Faktor 3/5 skalierten Amplitude des Eingangssignales vom unskalierten Modulator. Die Ausgänge der drei Integrierer Abb. 3.13(b), Abb. 3.13(c) und Abb. 3.13(d) zeigen jedoch stark unterschiedliches Verhalten. Die Amplituden der einzelnen Integrierer sind jetzt annähernd gleich groß. Ihre Maximalwerte liegen innerhalb eines durch den 0.7-fachen Wert der Referenzspannung begrenzten Bereiches.

Die durchgeführte lineare Skalierung hat keinerlei Einfluss auf die Übertragungsfunktion des Modulators, sie dient lediglich dazu, die auftretenden Spannungen optimal an die Erfordernisse der analogen Schaltungstechnik anzupassen.

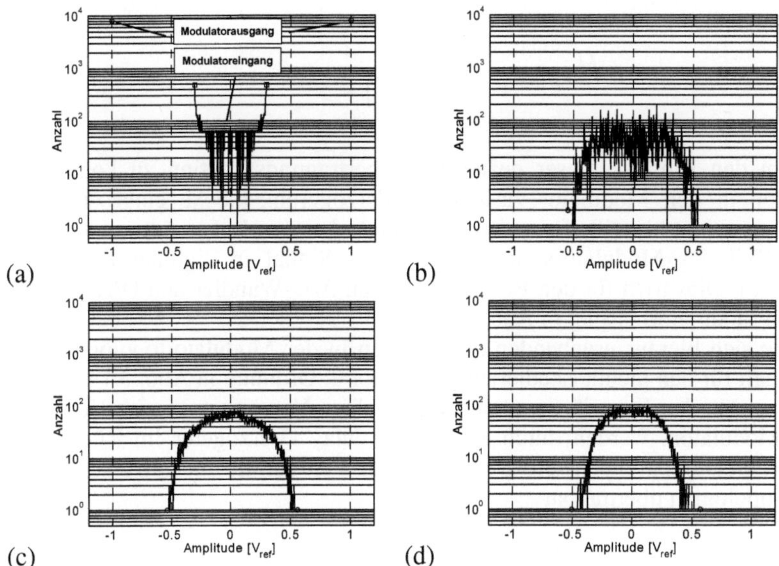

Abb. 3.13 Histogramme des skalierten nichtkaskadierten Modulators 3. Ordnung bei sinusförmigem Eingangssignal (V_{in}=0.3 × V_{ref}, f_{in}=f_{clk} /512): (**a**) Modulatoreingang und -ausgang, (**b**) Ausgang des ersten Integrierers, (**c**) Ausgang des zweiten Integrierers, (**d**) Ausgang des dritten Integrierers (insgesamt 16384 Abtastpunkte dargestellt, Amplitudenabstufung 0.0025 × V_{ref})

3.3.2 Anpassung der Modulatoren für den Betrieb mit „half delay"-Integratoren

Bisher werden für die Modulatoren stets Standard-Integratoren verwendet. Diese gebräuchliche Darstellung eignet sich gut zur Beschreibung der Modulatoren in

Systemsimulatoren [MWI_93b]. Standard-Integratoren besitzen die folgende Übertragungsfunktion:

$$H_{I\_Full\_Delay}(z) = \frac{z^{-1}}{1 - z^{-1}} \qquad (3.18)$$

In der Switched-Opamp Schaltungstechnik [Ste_93] ist es jedoch notwendig mit „half delay"-Integratoren zu arbeiten. Diese Integratoren unterscheiden sich im Vergleich zu den Standard-Integratoren dadurch, dass in der Übertragungsfunktion nur eine Verzögerung von einer halben Taktperiode im Vorwärtszweig realisiert wird:

$$H_{I\_Half\_Delay}(z) = \frac{z^{-\frac{1}{2}}}{1 - z^{-1}} \qquad (3.19)$$

Um den Einfluss dieser geänderten Übertragungsfunktion zu kompensieren, müssen in den Modulator zusätzliche Verzögerungsblöcke eingesetzt werden. Dies geschieht vorteilhafterweise nicht direkt bei den Integrierern, sondern in einem Teil des Modulators, in welchem das Signal in digitaler Form vorliegt [Pel_98]. Dies trifft für den Bereich zwischen A/D-Wandler und D/A-Wandler zu (siehe Modulatorbeispiel in Abb. 3.1).

Die sich hieraus ergebenden Änderungen in der Modulatortopologie sind beispielhaft für den nichtkaskadierten Modulator 2. Ordnung in Abb. 3.14 dargestellt. Die zwei in den Integrierern „fehlenden" halben Verzögerungen im Vorwärtspfad des Modulators werden durch zwei „half delay"-Verzögerer im Rückwärtspfad des Modulators kompensiert. Dieses Vorgehen ist auf die anderen zwei verwendeten Topologien übertragbar.

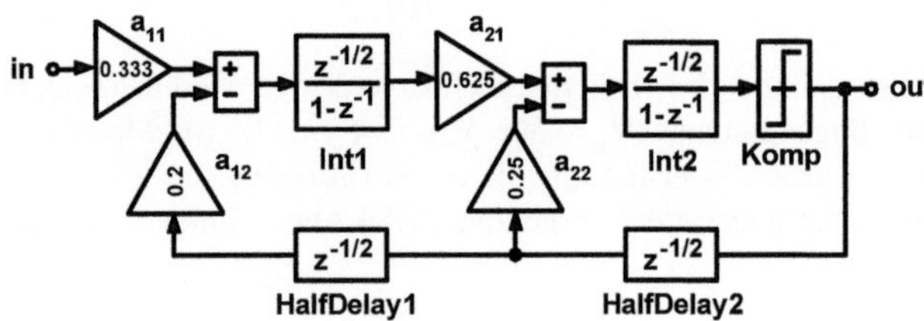

Abb. 3.14 Für die Verwendung von „half delay"-Integrierern modifizierte Architektur des für niedrige Versorgungsspannung skalierten nichtkaskadierten Modulators 2. Ordnung

3.4 Switched-Capacitor Realisierung

Die Realisierung der Modulatoren erfolgt in Switched-Opamp Technik mit Gleichspannungspegelverschiebung. Die Umsetzung erfolgt in drei Schritten. Im ersten Schritt wird die für niedrige Versorgungsspannung skalierte Modulatortopologie in eine äquivalente Switched-Capacitor (SC) Schaltung umgesetzt. Die normierten Referenzspannungen bleiben hierbei erhalten. Im zweiten Schritt erfolgt eine Anpassung der Referenzspannungen und der Gleichspannungspegel an die in der Schaltungstechnik benötigten Spannungswerte. In einem dritten Schritt erfolgt die zeitliche Anpassung des Taktschemas, welche im folgenden als „Timinganpassung" bezeichnet wird. Am Beispiel des nichtkaskadierten Modulators 2. Ordnung werden diese Schritte nachfolgend erläutert.

3.4.1 Umsetzung auf Switched-Capacitor Schaltung

Abb. 3.15 zeigt die vereinfachte SC-Schaltung für den Modulator gemäß Abb. 3.10. Von der voll differentiellen Schaltung wird jeweils nur der positive Zweig dargestellt (Index p). Die Koeffizienten a_{11}, a_{12}, a_{21} und a_{22} aus Abb. 3.10 werden realisiert durch das Verhältnis zwischen Abtastkondensator C_s und Integrationskondensator C_i.

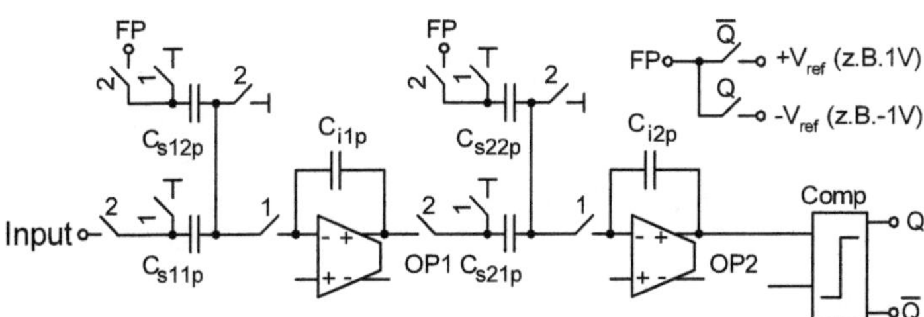

Abb. 3.15 SC-Realisierung des skalierten nichtkaskadierten Modulators 2. Ordnung

Für die Abtastkondensatoren in Abb. 3.15 ergibt sich daher:

$$C_{s11} = a_{11}C_{i1} \qquad (3.20)$$

$$C_{s12} = a_{12}C_{i1} \qquad (3.21)$$

$$C_{s21} = a_{21}C_{i2} \qquad (3.22)$$

$$C_{s22} = a_{22}C_{i2}$$ (3.23)

Die absolute Größe der Kondensatoren ist im Wesentlichen bestimmt durch thermisches Rauschen (siehe Kapitel 3.5).

Der Ausgang des internen D/A-Wandlers hat „normierte" Referenzspannungswerte von ±1. Das Eingangssignal des Modulators liegt hier symmetrisch bezüglich 0, der hier den Analogmassepegel „analog ground" darstellt. Der Gleichspannungspegel an den Ein- und Ausgängen der Operationsverstärker ist gleich dem Analogmassepegel.

3.4.2 Referenzspannungs- und Gleichspannungspegelanpassung

Im nächsten Schritt wird die SC-Schaltung aus Abb. 3.15 derart modifiziert, dass die Gleichspannungspegel im Modulator und die Referenzspannungen den Verhältnissen im Switched-Opamp Modulator entsprechen.

Die normierten symmetrischen Referenzspannungen von ±1 werden durch unsymmetrische Referenzspannungen von VDD und VSS=0V ersetzt. Hieraus ergibt sich in der Schaltung ein mittlerer Signalgleichspannungspegel von VDD/2. Wie in Kapitel 2 gezeigt, eignet sich dieser Gleichspannungspegel jedoch nicht für den Eingang einer unter sehr niedrigen Versorgungsspannungen betriebenen Differenzeingangsstufe.

Daher wird eine Gleichspannungspegelverschiebung verwendet, die es erlaubt, die Gleichspannungspegel an den Eingängen der Operationsverstärker und am Eingang des Komparators nach VSS=0V zu verschieben. Dies wird durch zusätzliche Kondensatoren C_{s13}, C_{s23} und C_{s33} erreicht, welche bei jedem Taktzyklus eine konstante Ladungsmenge an den entsprechenden Schaltungsknoten einspeisen (Abb. 3.16).

Die Dimensionierung dieser Kondensatoren ergibt sich aus der angestrebten Gleichspannungsverschiebung, der Größe der Abtastkondensatoren und aus dem Wert der verwendeten Referenzspannungen. Um die absolute Größe von C_{s13} und C_{s23} gering zu halten, werden die Referenzspannungen in einem der beiden Pfade vertauscht. Die Schalter direkt links neben C_{s11} und C_{s21} schalten jetzt VDD statt VSS. Für die beiden Kondensatoren an den Eingängen der Integratoren ergibt sich:

$$C_{s13} = (1 - \varphi_{11})C_{s11} - \varphi_{12}C_{s12} \quad \text{für}$$ (3.24)
$$(1 - \varphi_{11})C_{s11} > \varphi_{12}C_{s12}$$

$$C_{s23} = (1 - \varphi_{21})C_{s21} - \varphi_{22}C_{s22} \quad \text{für}$$ (3.25)
$$(1 - \varphi_{21})C_{s21} > \varphi_{22}C_{s22}$$

$$\text{mit} \quad \begin{aligned} \varphi_{11} &= relative\ Gleichspannungsverschiebung\ \ddot{u}ber\ C_{s11} \\ \varphi_{12} &= relative\ Gleichspannungsverschiebung\ \ddot{u}ber\ C_{s12} \\ \varphi_{21} &= relative\ Gleichspannungsverschiebung\ \ddot{u}ber\ C_{s21} \\ \varphi_{22} &= relative\ Gleichspannungsverschiebung\ \ddot{u}ber\ C_{s22} \end{aligned}$$

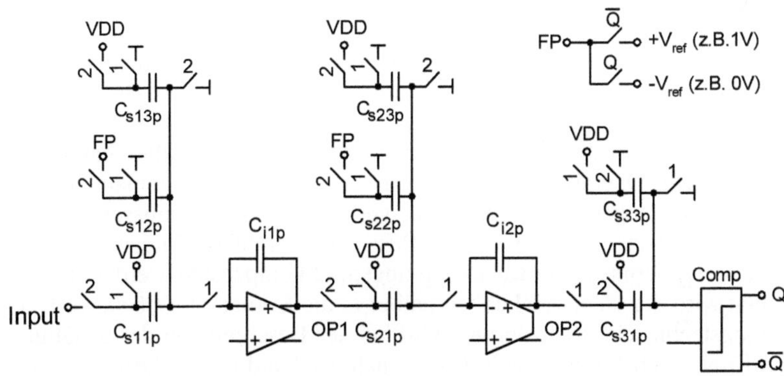

Abb. 3.16 Referenzspannungs- und Gleichspannungspegelanpassung der SC-Realisierung des skalierten nichtkaskadierten Modulators 2. Ordnung

Der Faktor φ gibt jeweils die relative Gleichspannungsverschiebung bezogen auf die Referenzspannung an. Kann die in (3.24) und (3.25) angegebene Bedingung nicht erfüllt werden, muss die Polarität an C_{s13} und/oder C_{s23} vertauscht werden.

Für das SC-Netzwerk, welches eine Gleichspannungspegelverschiebung auch am Eingang des Komparators bewirkt, gilt ein ähnlicher Zusammenhang:

$$C_{s33} = \varphi_{31} C_{s31} \tag{3.26}$$

$$\text{mit} \quad \varphi_{31} = relative\ Gleichspannungsverschiebung\ \ddot{u}ber\ C_{s31}$$

Bei den später verwendeten Spannungspegeln ergeben sich für φ folgende Werte:

$$\varphi_{11} = 0.15 \tag{3.27}$$

$$\varphi_{12} = \varphi_{21} = \varphi_{22} = \varphi_{31} = \varphi_{32} = \varphi_{41} = \varphi_{42} = \varphi_{44} = \varphi_{51} = 0.5 \qquad (3.28)$$

Gleichung (3.27) sagt hierbei aus, dass das Eingangssignal des Modulators einen Gleichspannungsoffset der 0.15-fachen Versorgungsspannung hat.

3.4.3 Timinganpassung

Nun kann die eigentliche Umsetzung in Switched-Opamp Schaltungstechnik erfolgen. Die „full delay" Integrierer werden durch „half delay"-Integrierer ersetzt (Abb. 3.17).

Der Schalter am Ausgang der Operationsverstärker entfällt. Stattdessen wird ein geschalteter Operationsverstärker verwendet. Die Taktschemata der einzelnen Stufen müssen angepasst werden, d.h. verbundene Stufen müssen jeweils einen halben Takt versetzt arbeiten. Der Einfluss der „half delay"-Integrierer muss durch digitale Verzögerungen im Rückkopplungspfad kompensiert werden. Diese Funktionalität wird der Übersichtlichkeit halber in die Komparatorblöcke verlagert. Die schaltungstechnische Realisierung wird bei der Beschreibung der Schaltungstechnik in Kapitel 3.6.1.2 behandelt. Die Signale F1P und F2P am Ausgang des Komparators entsprechen dem Signal am Ausgang des D/A-Wandlers FP aus Abb. 3.15 und Abb. 3.16. Der Unterschied besteht lediglich darin, dass zwischen F2P und F1P eine Verzögerung um einen halben Takt eingefügt wurde, um den Anforderungen an das geänderte Taktschema gerecht zu werden.

Der Modulator entspricht nun der Topologie von Abb. 3.14.

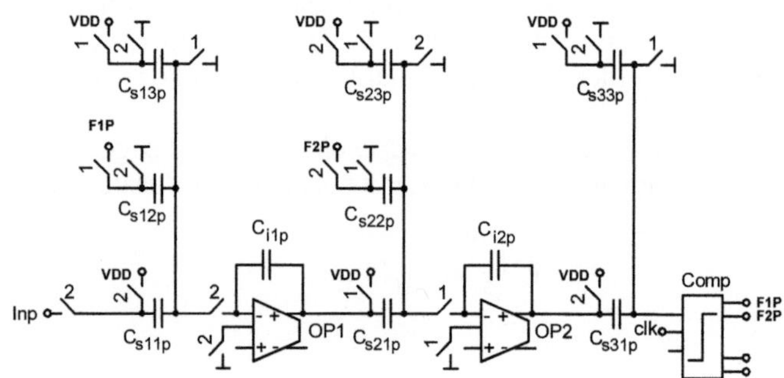

Abb. 3.17 Nichtkaskadierter Modulator 2. Ordnung in Switched-Opamp Technik mit Gleichspannungspegelverschiebung

In Abb. 3.18 und Abb. 3.19 sind für den kaskadierten Modulator 3. Ordnung und für den nichtkaskadierten Modulator 3. Ordnung ebenfalls die resultierenden Schaltungen in Switched-Opamp Technik dargestellt.

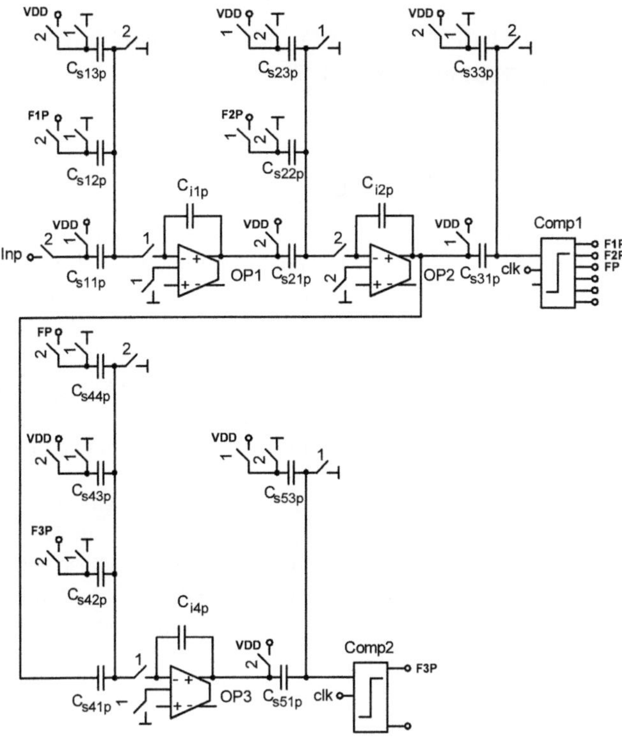

Abb. 3.18 Kaskadierter Modulator 3. Ordnung in Switched-Opamp Technik mit Gleichspannungspegelverschiebung

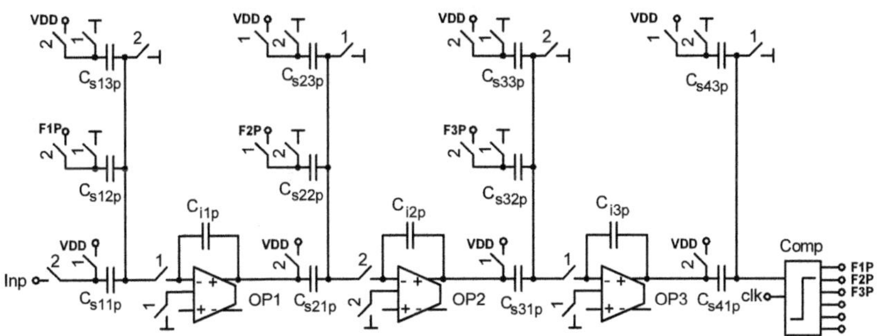

Abb. 3.19 Nichtkaskadierter Modulator 3. Ordnung in Switched-Opamp Technik mit Gleichspannungspegelverschiebung

3.5 Einfluss von nichtidealen Bauelement-Eigenschaften auf das Modulatorverhalten

Die in SC-Schaltungstechnik realisierten Modulatoren zeigen nur dann identisches Verhalten mit den Modellen in der z-Ebene, wenn alle verwendeten Schaltungsblöcke und Bauelemente ideales Verhalten aufweisen. Dies ist aber weder realisierbar, noch in der Praxis notwendig. Vielmehr ist es wichtig, für eine konkrete Spezifikation des Modulators die Minimalanforderungen an die Schaltungsblöcke und Bauelemente zu kennen. Nur so kann mit moderatem Designaufwand eine für die entsprechende Anwendung optimale Schaltung entwickelt werden.

Da es sich bei $\Sigma\Delta$-Modulatoren um überabgetastete Schaltungen handelt, ist eine Transientensimulation mittels Schaltungssimulator zur Bestimmung dieser Anforderungen sehr ineffektiv. Simulationszeiten im Stunden- bzw. Tagebereich sind mit den heutigen Rechnergenerationen erforderlich, um eine ausreichend genaue Simulation durchzuführen.

Daher ist es notwendig, stark vereinfachte Modelle des Modulators einzusetzen. Es werden Simulationen und Berechnungen durchgeführt um die Anforderungen an die Schaltungsblöcke und Bauelemente zu bestimmen. Diese Simulationen und Berechnungen bilden die Grundlage für das eigentliche Schaltungsdesign. Nachfolgend werden die Ergebnisse dieser Untersuchungen zusammengefasst und einige wichtige Gesichtspunkte näher erläutert.

Die Simulationen und Berechnungen erfolgen für eine Anwendung im Sprachbandbereich. Der minimal zu erreichende SNDR-Wert soll 65dB betragen.

3.5.1 Operationsverstärker

Bei den Betrachtungen im z-Bereich wird beim Integrierer von einem idealen Verhalten ausgegangen. Diese Näherung trifft zu, wenn der im Integrierer verwendete Operationsverstärker eine sehr hohe Verstärkung aufweist und außerdem in der zur Verfügung stehenden Zeit komplett einschwingt. Ist eine dieser Bedingungen nicht erfüllt, kommt es zu einer Änderung der Übertragungsfunktion des Integrierers, was wiederum eine Änderung der Übertragungsfunktion des kompletten Modulators zur Folge hat.

Eine Änderung der Übertragungsfunktion durch unvollständiges Einschwingen resultiert in einen nichtlinearen Fehler und muss daher verhindert werden. Dies geschieht durch entsprechende Dimensionierung der Operationsverstärker bezüglich Slew-Rate (SR) und Bandbreite.

Das Verstärkungs-Bandbreiteprodukt sollte mindestens das 3-fache der Taktfrequenz betragen. Die Slew-Rate ergibt sich direkt aus der verwendeten Taktfrequenz und der Amplitudenskalierung auf den Wert von $0.7 \times \text{VDD}$. Für eine Versorgungsspannung von 1V und eine Taktfrequenz von 1.024MHz ergibt sich beispielsweise eine minimale Slew-Rate von ca. SR=1.5V/μs:

$$SR = \frac{dU}{dt} = \frac{0.7V}{(1/1.024\ MHz) \times (1/2)} = \underline{\underline{1.43V / \mu s}} \qquad (3.29)$$

Ändert sich die Übertragungsfunktion vorwiegend durch zu geringe Verstärkung der Operationsverstärker ergibt sich ein linearer Fehler in den Integrierern. Bei nichtkaskadierten Modulatoren kann ein solcher linearer Fehler relativ große Werte annehmen, ohne die erreichbare Auflösung signifikant zu verringern [Rib_91, Med_99].

Bei kaskadierten Modulatoren bestimmt man den Quantisierungsfehler eines Komparators bzw. mehrerer Komparatoren des Modulators und kompensiert damit das verbleibende Quantisierungsrauschen der ersten bzw. nachfolgenden Stufen des Modulators. Dieser Quantisierungsfehler muss aber noch mit der gleichen Übertragungsfunktion gefiltert werden, mit der das Quantisierungsrauschen des zu kompensierenden Modulators gefiltert wird. Dies geschieht durch ein digitales Filter. Entspricht nun durch den Einfluss von nichtidealem Integriererverhalten die Übertragungsfunktion des Modulators nicht mehr der ursprünglich angestrebten Funktion, so ist die Übertragungsfunktion des digitalen Filters nicht mehr geeignet den Quantisierungsfehler des Modulators vollständig zu kompensieren. Daher ergeben sich bei kaskadierten Modulatoren höhere Anforderungen an die Verstärkung der Operationsverstärker.

Die erforderliche Verstärkung ist um so höher je größer der zu kompensierende Quantisierungsfehler ist, also je größer die Ordnung der kaskadierten Stufen bzw. je größer die Anzahl kaskadierter Stufen ist. Bei mehrfacher Kaskadierung nimmt die erforderliche Verstärkung schnell sehr große Werte an, wie z.B. 90dB im Falle eines kaskadierten Modulators 5. Ordnung, welcher durch Kaskadierung zweier Modulatoren 2. Ordnung und eines Modulators 1. Ordnung gebildet wird [Vle_01]. Bei der in dieser Arbeit verwendeten Kombination aus Modulator 2. Ordnung und 1. Ordnung ist der zu kompensierende Quantisierungsfehler noch relativ gering und die Anforderungen an die Verstärkung sind daher nur etwas größer im Vergleich zu den nichtkaskadierten Modulatoren.

In den durchgeführten Simulationen ergeben sich Werte für die minimal erforderliche Verstärkung von 40dB für die nichtkaskadierten Modulatoren und 46dB beim kaskadierten Modulator.

3.5.2 Komparator

Wichtige Parameter des Komparators sind Offset, Hysterese und Geschwindigkeit. $\Sigma\Delta$-Modulatoren sind allgemein sehr unempfindlich gegenüber dem Offset des Komparators. Zu große Werte bewirken allerdings eine Verkleinerung des nutzbaren Dynamikbereiches [Can_92]. Simulationen zeigen, dass bei den nichtkaskadierten Modulatoren selbst ein Offset bis zum 0.3-fachen der Referenzspannung kaum eine Verschlechterung des Modulatorverhaltens bewirkt. Beim kaskadierten Modulator ist ein Offset bis zum 0.1-fachen der Referenzspannung tolerierbar. In der Praxis ist der Offset eines integrierten Komparators weit unter diesen Maximalwerten, so dass dieser Parameter keine besondere Herausforderung für den Schaltungsentwurf darstellt.

Die Komparatorhysterese hat dagegen größere Auswirkungen auf das Modulatorverhalten. Sie sollte beim nichtkaskadierten Modulator 2. Ordnung und beim kaskadierten Modulator 3. Ordnung nicht größer als das 0.04-fache der Referenzspannung werden. Größere Werte bewirken eine Verschlechterung des Modulatorverhaltens. Noch empfindlicher reagiert der nichtkaskadierte Modulator 3. Ordnung auf eine Hysterese des Komparators. Hier darf die Hysterese nur das 0.02-fache der Referenzspannung betragen. Höhere Werte führen hier zu einem instabilen Verhalten. Durch entsprechende Auswahl des Komparatortyps und ein entsprechendes Design kann auch diese Forderung zuverlässig erfüllt werden.

Die Geschwindigkeitsanforderungen an den Komparator sind für die gewählte Applikation moderat und somit ebenfalls vergleichsweise einfach zu erfüllen.

3.5.3 Schalter

Zur Berechnung des Einflusses des „On"-Widerstandes der Schalter auf die erreichbare Auflösung des Modulators wurden verschiedene Simulationen durchgeführt, in denen der Durchlasswiderstand der Schalter variiert wurde. Am Beispiel des nichtkaskadierten Modulators 3. Ordnung aus Schaltungsbeispiel 1 in Kapitel 3.6 ist das Ergebnis einer solchen Simulation in Abb. 3.20 dargestellt.

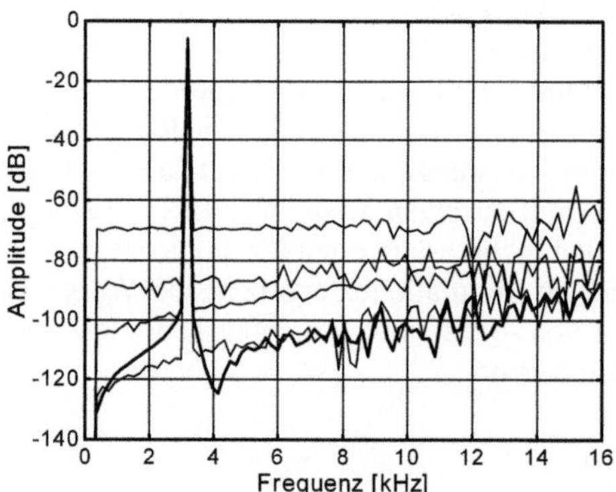

Abb. 3.20 Simuliertes Ausgangsspektrum eines nichtkaskadierten Modulators 3. Ordnung für Schalterdurchlasswiderstände von 0Ω (volle Linie), $10k\Omega$, $20k\Omega$, $40k\Omega$ und $80k\Omega$ (von unten nach oben - gestrichelte Linie) (f_{clk}=1.536MHz, OSR=48, nichtkaskadierter Modulator 3. Ordnung gemäß Schaltungsbeispiel 1 aus Kapitel 3.6)

Die volle Linie stellt das Ausgangsspektrum des Modulators bei Verwendung idealer Schalter dar. Die gestrichelten Linien zeigen das Ausgangsspektrum des Modulators für „On"-Widerstände der Schalter zwischen $10k\Omega$ und $80k\Omega$. Je größer der Durchlasswiderstand der Schalter wird, desto stärker erhöht sich das Rauschen im betrachteten Frequenzbereich. Ein Vergleich der Graphen zeigt, dass für diesen Modulator bei der gegebenen Taktfrequenz und den gewählten Kondensatorgrößen der „On"-Widerstand der Schalter nicht größer als 10kΩ werden darf.

3.5.4 Kondensatoren

3.5.4.1 Rauschen

Die Mindestgröße der Kondensatoren ist im Wesentlichen durch die Größe des tolerablen kT/C-Rauschen bestimmt. Im verwendeten SC-Integrierer ergibt sich die Mindestgröße des Abtastkondensators zu [Reb_94]:

$$C_S \geq \frac{4kT \times (SNR)^2}{OSR \times A^2} \tag{3.30}$$

mit A=Signalamplitude C_S=Kapazität des Abtastkondensators
             k=Boltzmannkonstante OSR=Überabtastrate
             T=absolute Temperatur SNR=Signal-Rauschverhältnis

Wird z.B. ein Modulator mit einer Eingangsamplitude von $0.3V_{p-p}$ bei einer Überabtastrate von 48 betrieben und soll ein Signal-Rauschverhältnis von mindestens 65dB erreicht werden (Schaltungsbeispiel 1 aus Kapitel 3.6), so muss der Abtastkondensator mindestens eine Kapazität von 48.5fF besitzen.

$$C_S > \frac{4 \times 4.14 \times 10^{-21}VAs \times \left(10^{(65/20)}\right)^2}{48 \times 0.15^2 V^2} = 48.5\,fF \tag{3.31}$$

Der Abtastkondensator der ersten Integriererstufe bestimmt zum größten Teil das Rauschverhalten des gesamten Modulators. Die jeweils gewählte Größe stellt einen Kompromiss aus Designsicherheit, Flächen- und Leistungsverbrauch dar.

3.5.4.2 Matching

Eine andere wichtige Einflussgröße der Kondensatoren auf die Performance des Modulators ist deren Matchingverhalten. Schwankungen der Kapazitätswerte der Kondensatoren im Modulator übersetzen sich direkt (d.h. proportional) in Schwankungen der Koeffizienten des Modulators. Wird deren Mismatch zu groß, kann dieses entweder zu einer Abnahme der erreichbaren Auflösung der Modulatoren führen, oder aber sogar zu einem gänzlichen Ausfall der Funktion des Modulators.
Bei nichtkaskadierten Modulatoren 1. oder 2. Ordnung und bei kaskadierten Modulatoren, welche aus Modulatoren 1. und 2. Ordnung zusammengesetzt sind,

führt eine Schwankung der Koeffizienten zu einer Verringerung der Auflösung. Durch die Begrenzung der Ordnung der einzelnen Modulatoren auf zwei kann es aber nicht zu einen Funktionsverlust durch Instabilitäten kommen. Ähnlich zum Einfluss endlicher Verstärkung der Operationsverstärker (s. Kapitel 3.5.1) ergeben sich auch beim Matching für kaskadierte Modulatoren höhere Anforderungen im Vergleich zu nichtkaskadierten Modulatoren, da die Kompensation des Quantisierungsrauschens durch die Änderung der idealen Rauschübertragungsfunktion bei Mismatch nicht mehr ausreichend gewährleistet ist.

Nichtkaskadierten Modulatoren höherer Ordnung, bei denen eine solche Kompensation nicht erfolgt, bieten grundsätzlich die Möglichkeit, unempfindlich gegen Koeffizientenmismatch dimensioniert zu werden. Je unempfindlicher eine solche Dimensionierung erfolgt, desto geringer ist aber auch die erreichbare Auflösung des Modulators. Wenn die Dimensionierung zu empfindlich gewählt ist besteht andererseits die Gefahr, dass kleine Schwankungen der Koeffizienten nicht nur zu einer Verschlechterung der Auflösung, sondern sogar zu einer Instabilität führen. Daher ist insbesondere bei nichtkaskadierten Modulatoren höherer Ordnung wie im nachfolgenden Beispiel eine genaue Kenntnis der Matchinganforderungen notwendig.

Abb. 3.21 zeigt das Ergebnis einer Simulation bezüglich Koeffizientenstreuungen. Als Beispiel wird wiederum der nichtkaskadierte Modulator 3. Ordnung des Schaltungsbeispieles 1 aus Kapitel 3.6 gewählt. Da insbesondere Instabilitäten stark von der Amplitude des Eingangssignales des Modulators abhängig sein können, ist es wichtig, hier Simulationen über den gesamten Bereich der möglichen Eingangsamplituden durchzuführen. Daher ist jeweils die erreichbare Auflösung des Modulators für sinusförmige Eingangssignale verschiedener Amplituden bei unterschiedlichem Kondensatormismatch dargestellt.

Abb. 3.21(a) zeigt das Verhalten des Modulators ohne Koeffizientenmismatch. Das zu erwartende SNDR steigt mit steigender Eingangsamplitude und erreicht bei einer Eingangsamplitude von -12dB einen Wert von 75dB.

Die Abb. 3.21(b), Abb. 3.21(c), Abb. 3.21(d), Abb. 3.21(e) und Abb. 3.21(f) zeigen die Auswirkungen bei einem Koeffizientenmismatch von $\pm1\%$, $\pm2\%$, $\pm3\%$, $\pm5\%$ und $\pm10\%$. Zur Simulation werden die Koeffizienten a_{11}, a_{12}, a_{21}, a_{22}, a_{31} und a_{32} des Modulators (Abb. 3.11) mit einem gleichverteilten Fehler beaufschlagt. Bis zu einem Wert von $\pm3\%$ zeigt sich nur eine leichte Verschlechterung des SNDR.

Erreicht oder übersteigt das Kondensator-Mismatch den Wert von $\pm5\%$ kommt es teilweise zu einer Instabilität des Modulators, was in einer starken Verringerung des SNDR zum Ausdruck kommt.

Der nichtkaskadierten Modulator 2. Ordnung ist sehr unempfindlich bezüglich Abweichungen der Modulatorkoeffizienten. Eine Abweichung der Koeffizienten um 10% hat z.B. bei der später verwendeten Spezifikation des Modulators keine relevanten Auswirkungen auf die erzielbare Auflösung.

Beim kaskadierten Modulator 3. Ordnung dürfen die Koeffizienten um ca. 3% schwanken. Bei größeren Schwankungen kommt es zu einer Verschlechterung der möglichen Auflösung.

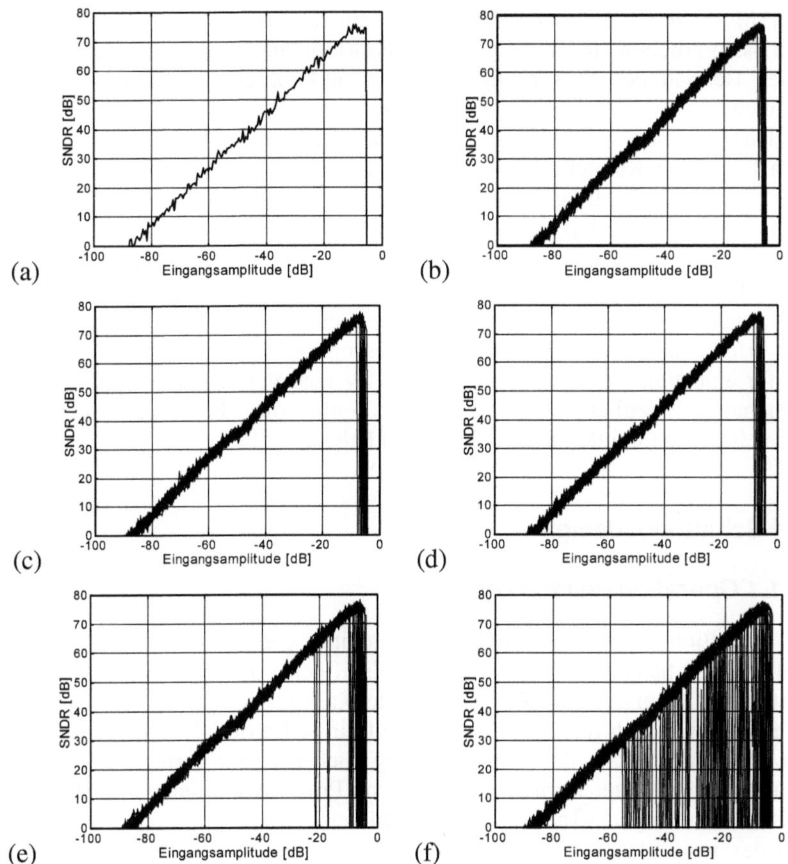

Abb. 3.21 SNDR über Eingangsamplitude bei Kondensatormismatch von 0% (**a**), ±1% (**b**), ±2% (**c**), ±3% (**d**), ±5% (**e**), ±10% (**f**) (Anzahl von Simulationen=30, f_{clk}=1.536MHz, OSR=48, nichtkaskadierter Modulator 3. Ordnung des Schaltungsbeispieles 1 aus Kapitel 3.6)

3.6 Schaltungsbeispiel 1: Sigma-Delta-Modulatoren verschiedener Topologien

Die drei beschriebenen Modulatortopologien gemäß Kapitel 3.2 [Sau_01[1], Sau_03a[2]] werden auf Testchips realisiert. Ziel des Schaltungsentwurfes ist es zum

---

[1] Nichtkaskadierter Modulator 3. Ordnung
[2] Nichtkaskadierter Modulator 2. Ordnung und kaskadierter Modulator 3. Ordnung

einen, Modulatoren zu entwerfen, die bei sehr niedrigen Versorgungsspannungen zuverlässig arbeiten, andererseits sollen die Modulatoren aber auch in einem sehr großen Bereich der Versorgungsspannung funktionieren, so dass z.B. für die Spannungsversorgung eine einzelne Batterie ausreicht, welche innerhalb ihrer Lebensdauer eine stark unterschiedliche Spannung aufweisen kann.

Im folgenden Kapitel sind wichtige Aspekte des analogen Schaltungsdesigns unter diesen Randbedingungen dargestellt. Es werden Messungen an Testschaltungen gezeigt, analysiert und untereinander verglichen.

Der Entwurf der Schaltungen erfolgt in einem 0.18μm n-Wannen Standard-CMOS-Prozess. Es werden ausschließlich digitale Standardtransistoren mit Einsatzspannungen um etwa 400mV verwendet. Die Realisierung der Kondensatoren erfolgt mittels einer MIMCAP-Prozessoption. Obwohl der verwendete Prozess für eine Versorgungsspannung von 1.8V ausgelegt ist, wird auf Spannungsüberhöhungen jeglicher Art verzichtet, um die Ergebnisse der Arbeit allgemeingültig für zukünftige Prozesse zu halten.

3.6.1 Schaltungsdesign

3.6.1.1 Operationsverstärker

Als Operationsverstärker wird die Schaltung gemäß Abb. 3.22 verwendet [Wal_98]. Es handelt sich um einen zweistufigen voll differentiell aufgebauten Verstärker. Die erste Stufe ist als gefaltete Kaskode aufgebaut. Bei der zweiten Stufe handelt es sich um eine Ausgangsstufe in A-Betrieb. Durch das zweistufige Konzept wird erreicht, dass die Schaltung auch bei sehr geringen Versorgungsspannungen und unter Berücksichtigung von Prozessvariationen und Bauelementemismatch noch genügend Verstärkung aufweist.

In der Verstärkereingangsstufe generiert eine Stromquelle M3 den Biasstrom für das p-MOS Eingangsdifferenzpaar M1A und M1B. Das Signal wird gefaltet mittels M2A und M2B. M4A und M4B bilden eine Kaskodestufe, welche auf eine aktive Last bestehend aus M5A, M5B, M6A und M6B arbeitet. Diese aktive Last stellt für Differenzsignale einen hohen ohmschen Widerstand und für Gleichtaktsignale einen geringen ohmschen Widerstand dar. Sie stabilisiert damit den Arbeitspunkt den ersten Stufe und macht eine Common-Mode-Feedback Schaltung für diese Stufe überflüssig.

Die zweite Stufe des Verstärkers, bestehend aus den Transistoren M7A, M7B, M8A und M8B, stellt eine einfache Ausgangsstufe in Sourceschaltung dar, welche im A-Betrieb arbeitet. Die Transistoren M10A und M10B arbeiten hier als Schalter. Durch sie kann der Stromfluss in dieser Stufe nach Masse hin unterbrochen und die Ausgangsstufe des Operationsverstärkers abgeschaltet werden. Diese Funktion ist notwendig, um den Betrieb in einer Switched-Opamp Schaltung zu gewährleisten. Für die Funktion einer Switched-Opamp Schaltung ist es ausreichend, wenn hierbei die Ausgangsstufe abgeschaltet werden kann.

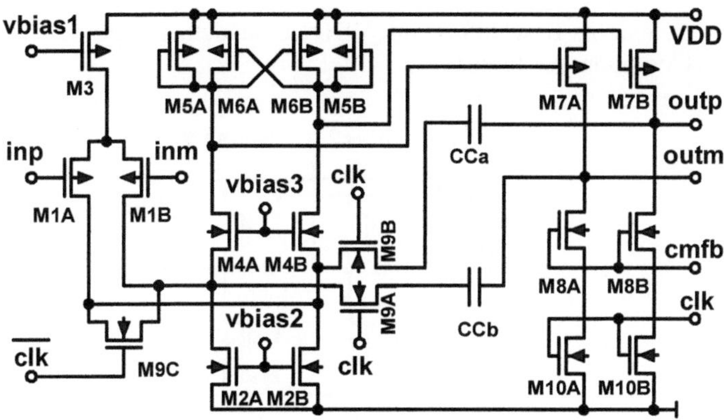

Abb. 3.22 Zweistufiger „folded cascode" Operationsverstärker

Die Kondensatoren CCa und CCb dienen der Frequenzgangkorrektur. Um ein schnelles Einschwingen des Operationsverstärkers beim Einschalten zu erreichen, werden die beiden Kondensatoren beim Abschalten der zweiten Stufe mittels M9A und M9B ebenfalls abgeschaltet. Die Spannung auf den Kondensatoren bleibt in der „Aus"-Phase des Operationsverstärkers erhalten, unnötige Umladevorgänge werden vermieden. Ebenfalls aus Gründen einer schnellen Einschwingzeit werden die Drainknoten des Eingangsdifferenzpaares mittels M9C in der „Aus"-Phase des Operationsverstärkers verbunden. Dies verhindert, dass die erste Stufe, die nun ohne Rückkopplung arbeitet, in die Sättigung läuft.

Der Arbeitspunkt wurde so gewählt, dass durch die Transistoren M1A, M1B, M4A und M4B jeweils ein Strom von 5% des Gesamtstromes vom Operationsverstärker fließt. Der Strom in den Transistoren M7A und M7B der zweiten Stufe beträgt jeweils 40% des Gesamtstromes. Bei einer Versorgungsspannung von 1V beträgt die gesamte Stromaufnahme ca. 100μA.

Der Operationsverstärker wurde für eine Eingangsgleichspannung von 0V und eine Ausgangsgleichspannung von VDD/2 entworfen. Insbesondere bei Versorgungsspannungen unter 1V arbeiten die meisten Transistoren im Bereich moderater Inversion.

Die zugehörige Bias Schaltung zeigt Abb. 3.23. Der Eingangsstrom I_{bias} wird 2-fach gespiegelt, um die erforderlichen Referenzspannungen zu erzeugen. Dies ermöglicht eine gute Anpassung der Referenzspannungen bei sich ändernder Versorgungsspannung. Der Referenzstrom wird durch einen externen Widerstand auf dem Versuchsaufbau realisiert. Die Biasspannungen werden ebenfalls in der Common-Mode-Feedback Schaltung und im Komparator verwendet.

Die verwendete Common-Mode-Feedback Schaltung zeigt Abb. 3.24. Es handelt sich um eine getaktete Common-Mode-Feedback Schaltung, so dass im Betrieb zwei Phasen unterschieden werden müssen. In Taktphase 1 ist der zugehörige Operationsverstärker ausgeschaltet und die Ausgänge des Operationsverstärkers sind über die externe Beschaltung mit VDD verbunden. Taktphase 2 ist die aktive Phase des Operationsverstärkers.

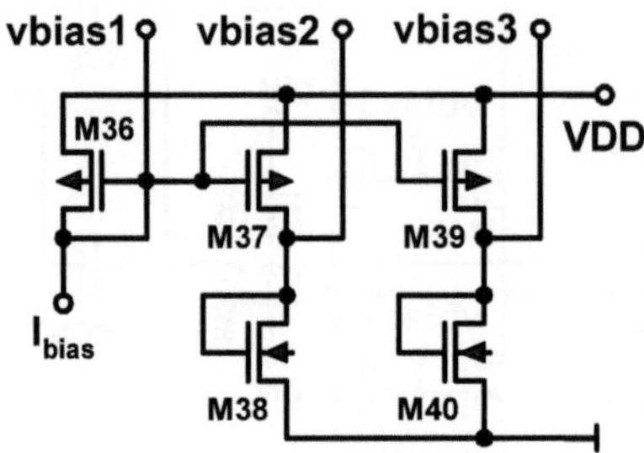

Abb. 3.23 Bias Schaltung

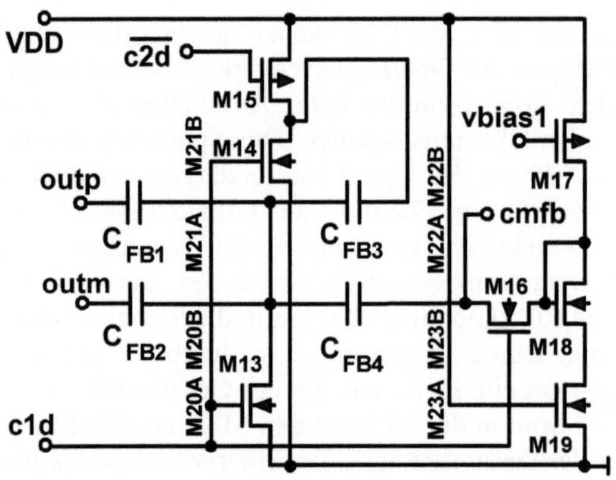

Abb. 3.24 Common-Mode-Feedback Schaltung

In der Taktphase 1 ("c1d" an VDD, "$\overline{c2d}$" an VDD) wird C_{FB4} über M16 mit einem Gleichspannungsoffset aufgeladen. Diese Spannung wird durch die Transistoren M17, M18 und M19 erzeugt. Außerdem wird der Kondensator C_{FB3} entladen und die Kondensatoren C_{FB1} und C_{FB2} werden auf VDD aufgeladen.

Am Anfang der Taktphase 2 ("c1d" an VSS, "$\overline{c2d}$" an VSS) sinkt die durchschnittliche Spannung an den Ausgängen der Operationsverstärker auf ca. VDD/2. Damit die Spannung am gemeinsamen Knoten aller vier Kondensatoren auf VSS bleibt, wird C_{FB3} zum gleichen Zeitpunkt über M15 mit VDD verbunden. Die Dimensionierung von C_{FB3} erfolgt so, dass dies geschieht, wenn sich eine durchschnittliche Spannung von VDD/2 an den Ausgängen der Operationsverstärker einstellt (d.h. $C_{FB1}=C_{FB2}=C_{FB3}$). Ist die Spannung am gemeinsamen Knoten aller vier Kondensatoren ungleich 0V, so ist dies ein Maß für die Verschiebung des Common-Mode Anteils der Operationsverstärkerausgänge. Am Ausgang der Schaltung cmfb liegt die Summe dieser resultierenden Spannung und der Gleichspannungsbiasoffsetspannung an, mit welcher C_{FB4} in der ersten Taktphase aufgeladen wurde. Dieses Signal ist proportional zum Gleichspannungsfehler am Ausgang des Operationsverstärkers und kann daher zu dessen Regelung verwendet werden.

Ähnlich wie bei der äußeren SC-Beschaltung im $\Sigma\Delta$-Modulator, ist es auch hier nötig, eine kapazitive Gleichspannungspegelverschiebung vorzunehmen. Ein klassisches, getaktetes Common-Mode-Feedback kann hier nicht eingesetzt werden, weil damit keine ausreichende Schaltfunktion der Schalter erreicht werden kann.

Kleinsignalverhalten

Abb. 3.25 zeigt den Betrag der Verstärkung und den Phasengang des Operationsverstärkers bei 4pF kapazitiver Last bei einer Versorgungsspannung von 1V, einer Temperatur von 27°C und nominalen Transistorparametern. Es wird eine Verstärkung von 70dB, eine Bandbreite von 13MHz und ein Phasenrand von 68° erreicht.

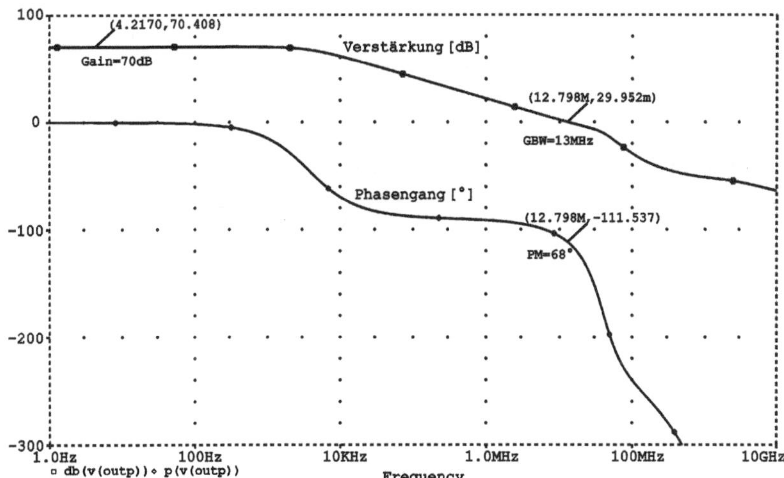

Abb. 3.25 Bode-Diagramm des Operationsverstärkers (VDD=1V, T=27°C, Nominalparametersatz)

Ein für das Design wichtiger Parameter ist die Unempfindlichkeit gegenüber Schwankungen der Versorgungsspannung. Abb. 3.26 zeigt Verstärkung, Bandbreite und Phasenrand des Operationsverstärkers als Funktion der Versorgungsspannung. Die Simulation erfolgte hier mit konstantem Widerstand zur Biasstromerzeugung. Im dargestellten Bereich einer Versorgungsspannung von 0.7V bis 1.3V beträgt die minimale Verstärkung 50dB, die minimale Bandbreite 7MHz und der minimale Phasenrand 65°. Diese Werte reichen aus, um den Anforderungen aller Modulatoren gerecht zu werden.

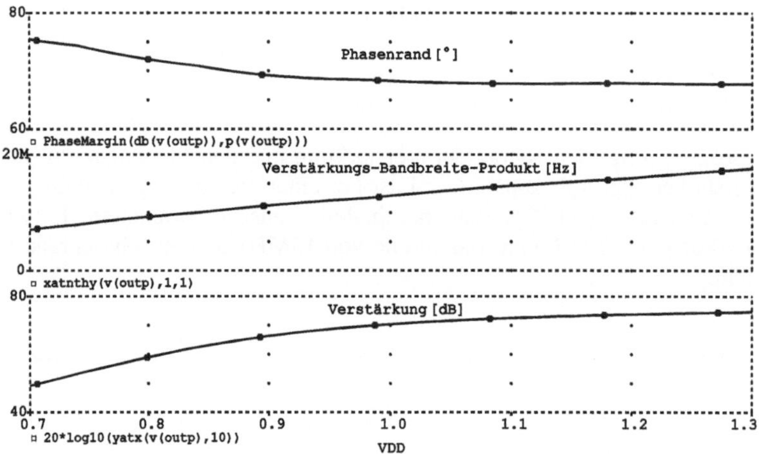

Abb. 3.26 Spannungsabhängigkeit von Verstärkung, Verstärkungs-Bandbreite-Produkt und Phasenrand (T=27°C, Nominalparametersatz)

Zur Untersuchung der Auswirkung des Transistormismatches auf die Funktion des Operationsverstärkers werden Monte-Carlo Simulationen durchgeführt. Simuliert wird hier die Auswirkung der von der Transistorgröße abhängigen Schwankung der Einsatzspannung auf die Kenngrößen des Operationsverstärkers in Verbindung mit der verwendeten Bias Schaltung. Das Ergebnis ist in Abb. 3.27 dargestellt. Es zeigt das Verstärkungs-Bandbreite-Produkt, die Verstärkung und den Phasenrand für 399 Samples bei 27°C. Die Simulation zeigt ausreichende Performance bezüglich der Anwendung im Sigma-Delta Modulator.

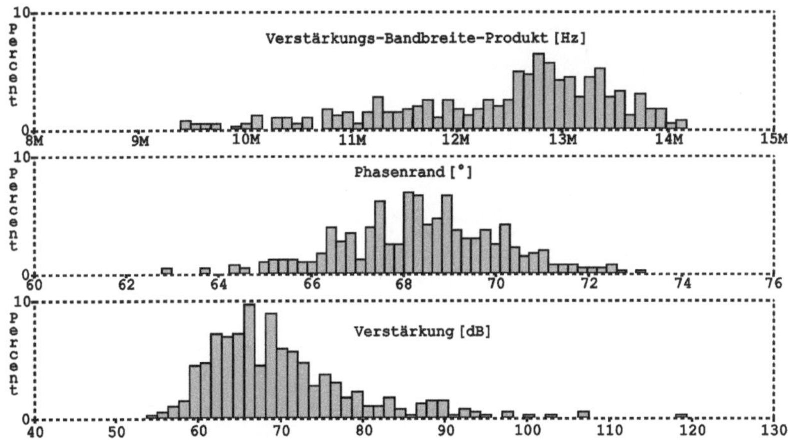

Abb. 3.27 Auswirkungen von Transistormismatch auf Verstärkungs-Bandbreite-Produkt, Phasenrand und Verstärkung (Anzahl von Simulationen=399, VDD=1V, T=27°C, Nominalparametersatz)

Großsignalverhalten

Da der Operationsverstärker in einer SC-Schaltung Verwendung findet, sind die Slew-Rate und der Dynamikbereich wichtige Kenngrößen. Die Simulation erfolgt hier in einer Beschaltung als SC-Integrierer. Die Simulation lässt Rückschlüsse auf Slew-Rate und Aussteuerbarkeit zu. Eine typische Simulation, bei der eine Eingangsspannung von +100mV bzw. -100mV am Eingang des SC-Integrierers anliegt und aufintegriert wird, zeigt Abb. 3.28.

Sämtliche der gezeigten Simulationen wurden mittels verschiedener Parametersätze und unterschiedlicher Temperaturen und verschiedener Versorgungsspannungen durchgeführt. Es wird in allen Fällen eine ausreichende Performance erreicht. Auf eine detailliertere Darstellung soll daher hier verzichtet werden.

Die wichtigsten Kenngrößen des Operationsverstärkers bei einer Versorgungsspannung von 1V sind in Tabelle 3.1 zusammengestellt.

Tabelle 3.1 Wichtige Daten des Operationsverstärkers

Parameter	Wert
Versorgungsspannung	1V
Verstärkung	70dB
Bandbreite (C_{load}=4pF)	13MHz
Phasenrand	68°
Slew-Rate	9V/μs
Stromaufnahme („Ein" / „Aus")	100/20μA
Fläche	0.0032mm^2

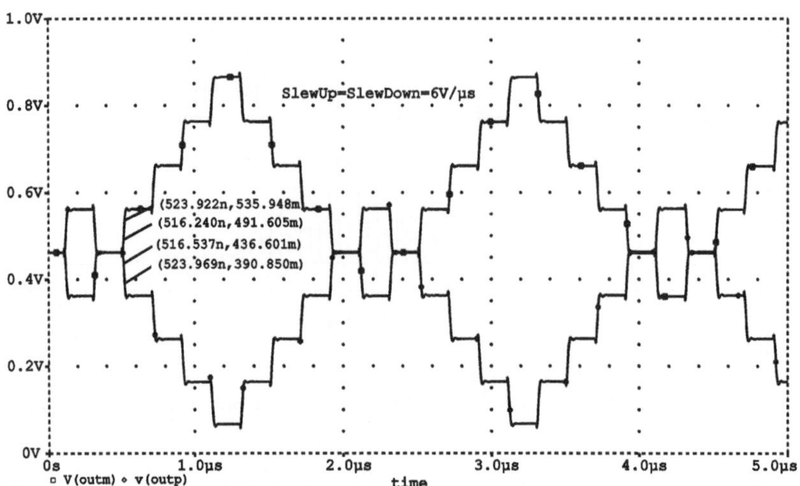

Abb. 3.28 Transientensimulation zur Bewertung des Großsignalverhaltens (Beschaltung als voll differentieller SC-Integrierer, Eingangsspannung mit zeitlich veränderlicher Amplitude von +100mV bzw. -100mV, VDD=1V, T=27°C, Nominalparametersatz)

3.6.1.2 Komparator

Der Komparator (Abb. 3.29) [Pel_98] besteht aus einer Stromquelle M24, einem differenziellen Eingangstransistorpaar M25A und M25B, einem regenerativem Latch, M26A und M26B, und zwei Schaltern, M27A und M27B. In der Resetphase, d.h. wenn das Signal an „latch1" auf VDD liegt, werden die Ausgänge des Differenzverstärkers mit VSS verbunden. Fällt die Spannung an „latch1" am Anfang der aktiven Phase auf VSS, steigt die Spannung an den Ausgänge des Differenzverstärkers an und die Schaltung erreicht einen instabilen Zustand. In Abhängigkeit der an den Eingängen des Komparators anliegenden Spannungen fällt der Komparator sodann in einen der beiden möglichen binären Zustände. Dabei ist der Spannungspegel an einem der Ausgänge nahe VSS, der Spannungspegel des anderen Ausganges liegt bei ca. 2/3×VDD. Eine Inverterstufe an den Ausgängen des Komparators verstärkt diese Spannungswerte auf die erforderlichen Spannungspegel für die nachfolgenden digitalen Stufen. Obwohl nur eines der Ausgangssignale des Komparators benötigt wird, sind aus Symmetriegründen Inverter an beiden Ausgängen des Komparators vorgesehen. Die Dimensionierung der Komparatoreingangsstufe erfolgt identisch zur Eingangsstufe der Operationsverstärker. Somit kann auch die gleiche Biasspannung „vbias1" wie bei den Operationsverstärkern verwendet werden.

Wie in Kapitel 3.4.3 erwähnt, werden die für die zeitliche Synchronisation erforderlichen digitalen Verzögerungen ebenfalls im Komparatorblock realisiert. Wie in der für die Verwendung von „half delay"-Integrierern modifizierten Struktur des nichtkaskadierten Modulators 3. Ordnung in Abb. 3.14 zu sehen ist, benötigen die einzelnen Stufen des Modulators ein jeweils um einen halben Takt verzögertes Komparatorausgangssignal. Die im Fall dieses Modulators 3. Ordnung verwendete Schaltung ist ebenfalls in Abb. 3.29 dargestellt.

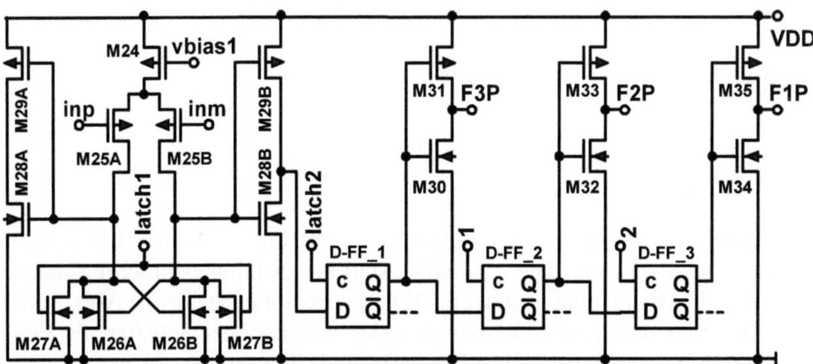

Abb. 3.29 Komparator mit digitalen Verzögerungen zur Verwendung im nichtkaskadierten Modulator 3. Ordnung

Mittels D-Flip-Flops, welche jeweils gegenphasig betrieben werden, wird die geforderte Funktionalität erreicht. Die Ausnahme bildet dabei die erste der drei D-Flip-Flop Stufen. Hier muss mit weiteren Takten gearbeitet werden, da nach der Integrationsphase des vor dem Komparator befindlichen Integrierers das Ausgangssignal des Komparators bereits benötigt wird, um dessen Abtastkondensatoren zu laden.

Das verwendete Timingdiagramm zeigt Abb. 3.30. Die Funktion wird anhand der Switched-Opamp Schaltung des nichtkaskadierten Modulators 3. Ordnung nach Abb. 3.19 erläutert. Taktphase1 stellt die Integrationsphase des Operationsverstärkers OP3 in Abb. 3.19 dar. Am Anfang der zweiten Taktphase wird die Gleichspannungspegelverschiebung am Eingang des Komparators vorgenommen. Hierfür wird wenig Zeit benötigt. Die Zeit, welche für die Gleichspannungspegelverschiebung zur Verfügung steht, ist in Abb. 3.30 mit t_1 gekennzeichnet. Am Ende von t_1 löst die fallende Flanke des Signals „latch1" die Entscheidung des Komparators aus. Dieser Vorgang benötigt ebenfalls, im Vergleich zur Einschwingzeit der Operationsverstärker, relativ wenig Zeit. Die Zeit für das Einschwingen des Komparators ist in Abb. 3.30 mit t_2 gekennzeichnet. Am Ende von t_2 wird das Ergebnis der Entscheidung des Komparators ins D-Flip-Flop D-FF_1 übernommen und über den Inverter bestehend aus M30 und M31 in entsprechende Referenzspannungen umgesetzt. Die verbleibende Zeit der Taktphase 2 wird verwendet um die Abtastkondensatoren C_{s32} zu laden.

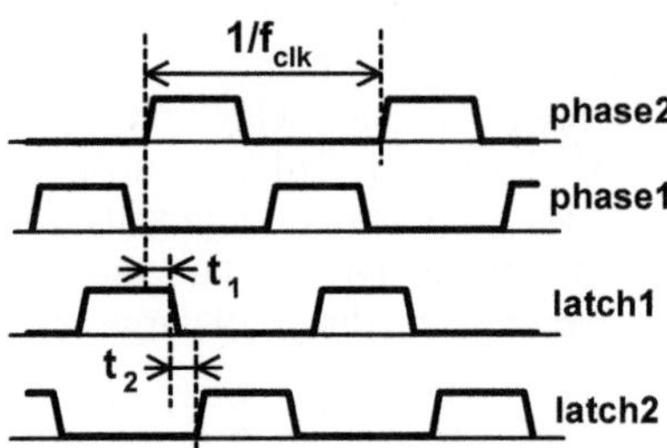

Abb. 3.30 Timing Diagramm des Komparators

3.6.1.3 Schalter

Die Schalter müssen im Wesentlichen die Versorgungsspannung VDD und Massepotential VSS schalten. Diese Schalter sind in der Dimensionierung unkritisch. Sie werden durch einzelne n- bzw. p-MOS Transistoren realisiert. Abb. 3.31 zeigt eine Simulation des „On"-Widerstandes der verwendeten Schalter als Funktion der Versorgungsspannung. Die gestrichelte und die punktierte Kurve stellen den „On"-Widerstand eines n-MOS und eines p-MOS Schalters dar, welche die typische zu schaltende Spannung von VSS bzw. VDD schalten. Bis zu einer Versorgungsspannung von 0.7V ist der erreichte „On"-Widerstandes bei den gewählten Weiten kleiner 3kΩ.

Andere Bedingungen bezüglich der zu schaltenden Spannungen sind gegeben bei den Transistoren M9A, M9B und M9C des Operationsverstärkers (Abb. 3.22), M16 der Common-Mode-Feedback Schaltung (Abb. 3.24) und den Schaltern direkt an den Eingängen der Modulatoren. Bei den Transistoren M9A, M9B und M9C wird durch Vergrößerung von W/L ein hinreichend niedriger Widerstand erreicht. M16 ist in der Dimensionierung unkritisch, da dieser ein reines Gleichspannungssignal auf einen Kondensator schaltet.

Der Schalter am Eingang des Modulators (Abb. 3.32) muss den Spannungsbereich des Modulatoreingangssignales schalten können. Er wird durch einen n-MOS Schalter realisiert. Die ungünstigste zu schaltende Spannung stellt hierbei die maximale Eingangsspannung von 0.3×VDD dar. Ein relativ großes W/L-Verhältnis muss verwendet werden, um insbesondere für den maximalen Eingangsspannungspegel einen hinreichend geringen Widerstand zu erzielen. Zur Unterdrückung des relativ starken Taktdurchgriffes, bedingt durch das großes W/L-Verhältnis dieses Schalters, wird hier eine Kompensation durch n-MOS Dummytransistoren vorgenommen. Ebenfalls in Abb. 3.31 ist der „On"-Widerstandes des Eingangsschalters dargestellt für den Fall, dass dieser die maximale Eingangsspannung des Modulators schaltet (durchgehende Linie). Bei sinkender Versorgungsspannung steigt der Widerstand des Eingangsschalters stärker an, als der Widerstand der Schalter, welche die Referenzspannungen schalten müssen. Durch adäquate Dimensionierung der Eingangsschalter wird jedoch garantiert, dass deren Wert bei niedrigen Versorgungsspannungen ebenfalls ausreichend gering ist.

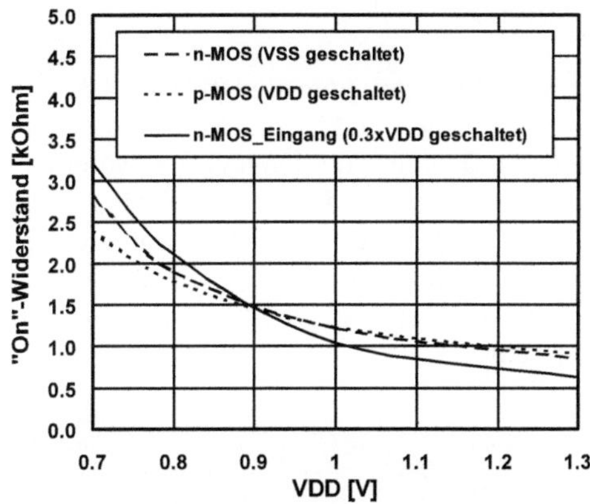

Abb. 3.31 „On"-Widerstand von n-MOS Schalter beim Schalten von VSS, p-MOS Schalter beim Schalten von VDD und n-MOS Eingangsschalter beim Schalten einer Spannung von 0.3×VDD

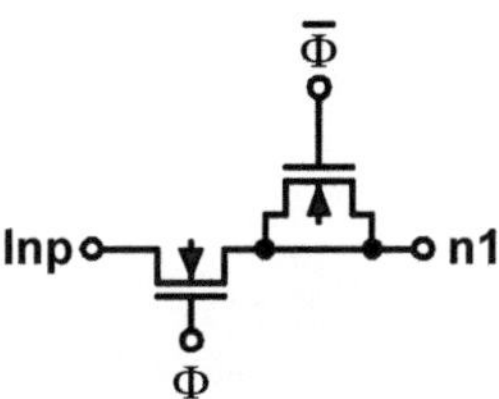

Abb. 3.32 Am Modulatoreingang verwendeter n-MOS kompensierter n-MOS Schalter

3.6.1.4 Digitale Schaltungsteile

Zusätzlich zu den D-Flip-Flops im Komparator, welche benötigt werden um digitale Verzögerungen zu realisieren, werden digitale Schaltungsteile zur Taktgenerierung verwendet. Ein Taktgenerator erzeugt einen nichtüberlappenden Zwei-Phasentakt mit nichtverzögerten und verzögerten Taktsignalen, wie er üblicherweise in SC-Schaltungen Verwendung findet [Bos_88]. Außerdem müssen zeitverzögerte Signale generiert werden, welche in den Komparatoren Verwendung finden. Alle erforderlichen Signale werden aus einem externen Masterclock generiert.

Die Realisierung der digitalen Schaltungsteile erfolgte konventionell in statischer Logik. Hierbei wurde lediglich darauf geachtet, möglichst wenige Transistoren in Serie zu schalten. Simulationen zeigen, dass in der verwendeten Technologie selbst bei einer Versorgungsspannung von 0.7V und unter Worst-case Bedingungen Taktfrequenzen von einigen 10MHz zuverlässig erreicht werden.

3.6.2 Messergebnisse

Chipfotos der drei Modulatorvarianten sind in Abb. 3.33, Abb. 3.34 und Abb. 3.35 dargestellt. Die aktive Fläche der Modulatoren beträgt für den nichtkaskadierten Modulator 2. Ordnung $0.096mm^2$, für den nichtkaskadierten Modulator 3. Ordnung $0.17mm^2$ und für den kaskadierten Modulator 3. Ordnung $0.139mm^2$. Die Größe der Integrationskapazitäten beträgt bei den nichtkaskadierten Modulatoren 2pF, beim kaskadierten Modulator 3. Ordnung wurde als Integrationskapazität für die erste Integratorstufe ein Wert von 1pF und für die restlichen Integrationskapazitäten ein Wert von 0.33pF gewählt.

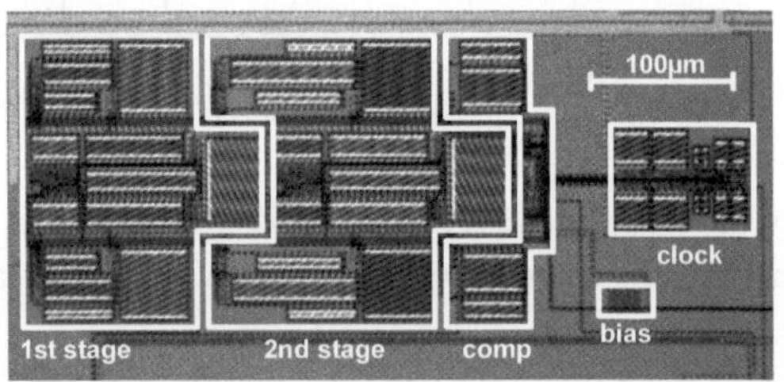

Abb. 3.33 Chipfoto des nichtkaskadierten Modulators 2. Ordnung (Fläche=$0.096mm^2$)

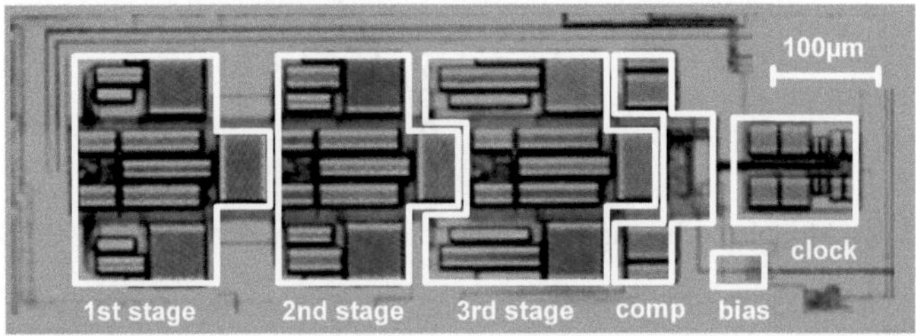

Abb. 3.34 Chipfoto des nichtkaskadierten Modulators 3. Ordnung (Fläche=$0.17mm^2$)

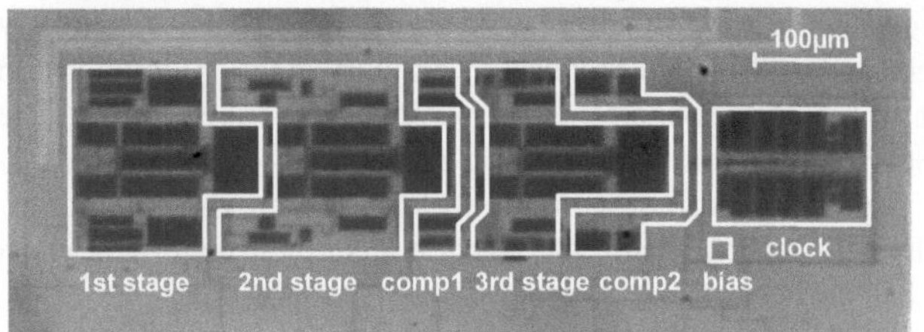

Abb. 3.35 Chipfoto des kaskadierten Modulators 3. Ordnung (Fläche=$0.139mm^2$)

Ein gemessenes Spektrum des nichtkaskadierten Modulators 2. Ordnung bis zur halben Taktfrequenz zeigt Abb. 3.36. Die Messung erfolgt bei einer Versorgungsspannung von 0.65V und einer Taktfrequenz des Modulators f_{clk} von 1.024MHz. Das sinusförmige Eingangssignal mit einer Amplitude V_{in} von -12dB bezogen auf die Referenzspannungen hat eine Frequenz f_{in} von 2kHz.

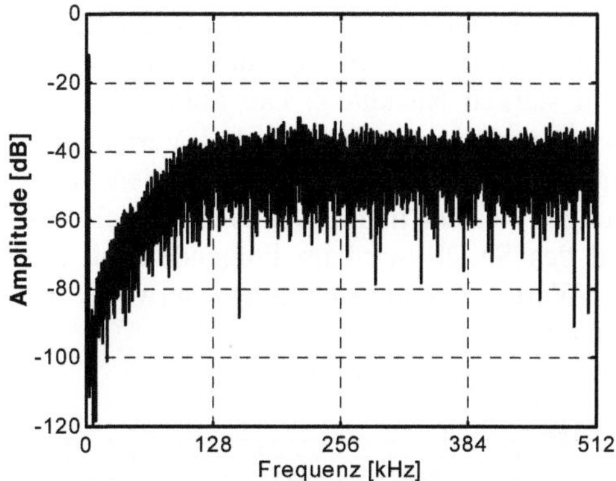

Abb. 3.36 Gemessenes Spektrum des nichtkaskadierten Modulators 2. Ordnung bei VDD=0.65V, f_{clk}=1.024MHz, f_{in}=2kHz und V_{in}=-12dB (Frequenzbereich bis f_{clk}/2)

Den vergrößerten Bereich des Basisbandes bis 8kHz zeigt Abb. 3.37. Diese Bandbreite entspricht einer Überabtastrate von 64. Bei der dargestellten Amplitude des Eingangssignales wird ein SNDR von 65.1dB erreicht.

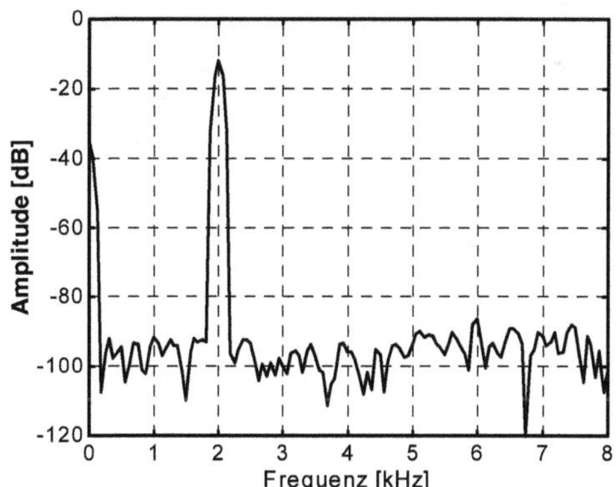

Abb. 3.37 Gemessenes Spektrum des nichtkaskadierten Modulators 2. Ordnung bei VDD=0.65V, f_{clk}=1.024MHz, f_{in}=2kHz und V_{in}=-12dB (Frequenzbereich bis 8kHz)

Abb. 3.38 zeigt das erzielte SNR und SNDR des nichtkaskadierten Modulators 2. Ordnung für verschiedene Amplituden des sinusformigen Eingangssignales. Die Taktfrequenz des Modulators beträgt wiederum 1.024MHz, die Frequenz des sinusförmigen Eingangssignales ist wiederum 2kHz. Die Amplitude wird zwischen -80dB und 0dB bezogen auf die Referenzspannungen variiert. Sowohl SNR als auch SNDR steigen bis zu einer Eingangsamplitude von -12dB in gleichen Maße an. Bei weiter steigender Eingangsamplitude kommt es noch zu einer Vergrößerung des SNR, das SNDR fällt jedoch wieder leicht ab. In diesem Bereich relativ großer Eingangssignalpegel treten leichte Verzerrungen auf. Ab einer Eingangsamplitude von ca. -9dB kommt es dann sowohl bei SNR als auch bei SNDR zu einem starken Rückgang. Die Funktion des Modulators ist dann nicht mehr gewährleistet. Dies ist ein typisches Verhalten von $\Sigma\Delta$-Modulatoren bei Übersteuerung. Ein Zusammenhang mit den verwendeten niedrigen Versorgungsspannungen besteht nicht. Der höchste bei dieser Messung erzielte Wert des SNR und des SNDR wird im Folgenden mit SNR_{MAX} und $SNDR_{MAX}$ bezeichnet. Diese Werte stellen sich typischerweise bei unterschiedlichen Eingangsamplituden ein.

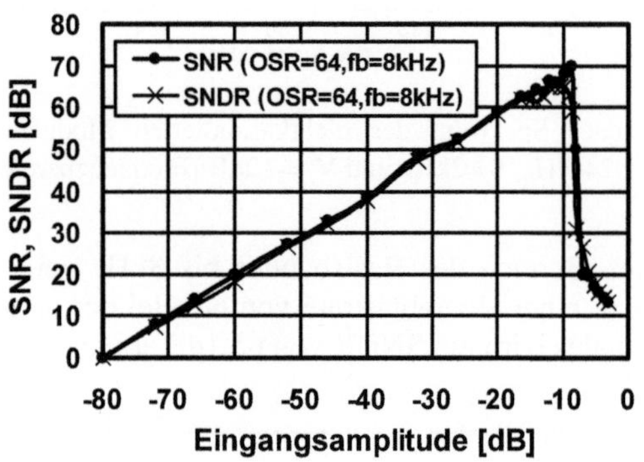

Abb. 3.38 Gemessenes SNR und SNDR des nichtkaskadierten Modulators 2. Ordnung über der Eingangsamplitude bei VDD=0.65V, f_{clk}=1.024MHz und f_{in}=2kHz

In Abb. 3.39 sind die gemessenen Maximalwerte von SNR und SNDR des Modulators 2. Ordnung für unterschiedliche Versorgungsspannungen dargestellt. Die Taktfrequenz des Modulators beträgt 1.024MHz, die Frequenz des Eingangssignales ist 2kHz. Die Auswertung erfolgt hier für eine Überabtastrate von 64, was einer Basisbandbreite von 8kHz entspricht. Ferner sind Ergebnisse für eine Überabtastrate von 32 dargestellt, was einer Basisbandbreite von 16kHz entspricht. Betrachtet man die erreichten Werte von SNR und SNDR bei verschiedenen Versorgungsspannungen, so ist nur eine leichte Abhängigkeit von der Versorgungsspannung zu sehen. Insbesondere bei kleinen Versorgungsspannungen ist bei der hohen Überabtastrate von 64 eine leichte Verschlechterung des SNDR zu erkennen. Vergleicht man die erzielten Werte für eine Überabtastrate von 32 mit den Werten für eine Überabtastrate von 64, kommt es erwartungsgemäß zu einer deutlichen Verringerung der Auflösung. Der relativ flache Verlauf dieser Graphen weist darauf hin, dass die Begrenzung der Auflösung im Wesentlichen durch Quantisierungsrauschen gegeben ist, welches bei den dargestellten Überabtastraten dominiert. Der theoretische Wert für die Verbesserung der Auflösung bei einer Verdoppelung der Überabtastrate beträgt für einen Modulator 2. Ordnung 15dB. Dieser Wert ergibt sich aus Gleichung (3.13).

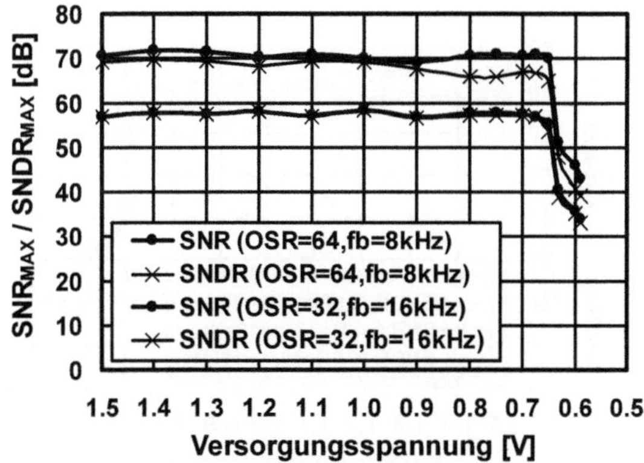

Abb. 3.39 Gemessenes Maximum des SNR und SNDR des nichtkaskadierten Modulators 2. Ordnung bei unterschiedlichen Versorgungsspannungen, f_{clk}=1.024MHz und f_{in}=2kHz

Abb. 3.40 zeigt die gleiche Messung für den nichtkaskadierten Modulator 3. Ordnung. Drei wesentliche Unterschiede sind zum Modulator 2. Ordnung zu erkennen:

1. Die erreichbare Auflösung für eine Überabtastrate von 32 ist durch die höhere Ordnung des Modulators wesentlich besser als beim Modulator 2. Ordnung.
2. Die erreichbare Auflösung ist eine Funktion der Versorgungsspannung. Dies weist darauf hin, dass die erreichbare Auflösung jetzt auch deutlich vom thermischen kT/C-Rauschen mitbestimmt ist. Die Ursache hierfür liegt im wesentlich geringeren Quantisierungsrauschen, welches nun den Dynamikbereich nur noch teilweise begrenzt. Eine Erhöhung der Überabtastrate führt daher lediglich zu einer geringen Verbesserung der Auflösung.
3. Obwohl, wie auch bei den anderen Modulatoren, die Schaltungen bis zu einer Versorgungsspannung von ca. 0.6V funktioniert, kommt es hier bereits unterhalb von 0.725V zu einer deutlichen Verschlechterung der möglichen Auflösung. Dieses Verhalten ist eine Auswirkung der zunehmenden Nichtidealitäten, welche das Systemverhalten des Modulators beeinflussen. Dieser Effekt wird am Ende dieses Kapitels noch näher diskutiert.

Abb. 3.41 zeigt das Verhalten des kaskadierten Modulators 3. Ordnung bei unterschiedlichen Versorgungsspannungen. Dieser Modulator zeigt ein ähnliches Verhalten im Vergleich zu dem nichtkaskadierten Modulator 3. Ordnung. Der nutzbare Versorgungsspannungsbereich ist allerdings identisch mit dem Modulator 2. Ordnung, da diese Topologie wesentlich unempfindlicher gegenüber nichtidealem Bauelementeverhalten als eine nichtkaskadierte Struktur 3. Ordnung ist. Etwas kleinere Absolutwerte der Auflösung im Vergleich zum nichtkaskadierten Modulator 3. Ordnung sind auf die Verwendung kleinerer Kondensatoren zurückzuführen.

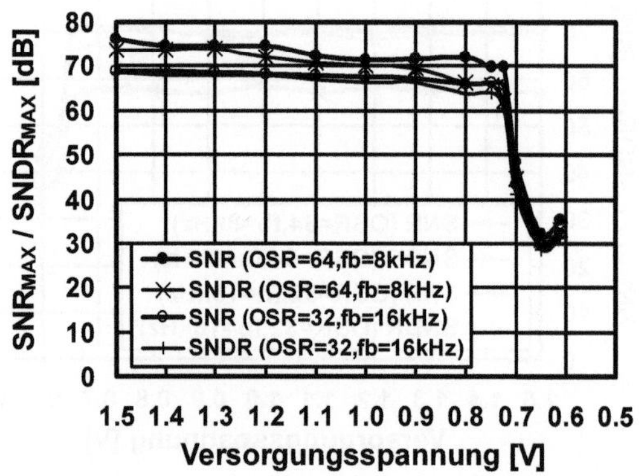

Abb. 3.40 Gemessenes Maximum des SNR und SNDR des nichtkaskadierten Modulators 3. Ordnung bei unterschiedlichen Versorgungsspannungen, f_{clk}=1.024MHz und f_{in}=1.5kHz

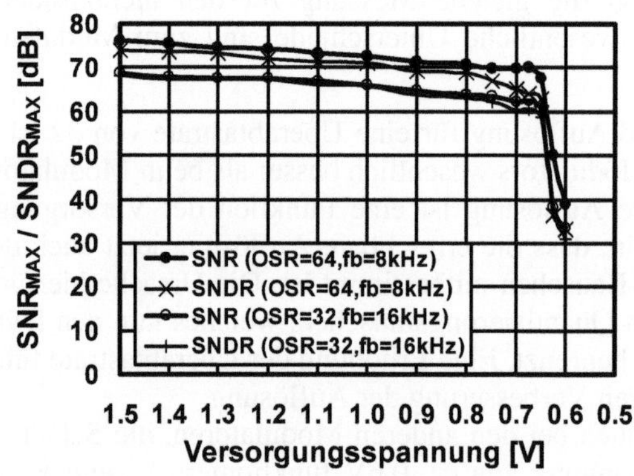

Abb. 3.41 Gemessenes Maximum des SNR und SNDR des kaskadierten Modulators 3. Ordnung bei unterschiedlichen Versorgungsspannungen, f_{clk}=1.024MHz und f_{in}=2kHz

Abb. 3.42 zeigt am Beispiel des nichtkaskadierten Modulators 3. Ordnung den Zusammenhang zwischen Überabtastrate, niedriger Versorgungsspannung und erreichbarer Auflösung. Dargestellt ist das maximale SNR und das maximale SNDR in Abhängigkeit der Überabtastrate. Im linken Teil der Grafik verhalten sich alle

Graphen gleich. Der Anstieg der Kurven für niedrige Überabtastraten entspricht in etwa dem theoretischen Wert von 21dB/Oktave für einen Modulator 3. Ordnung.

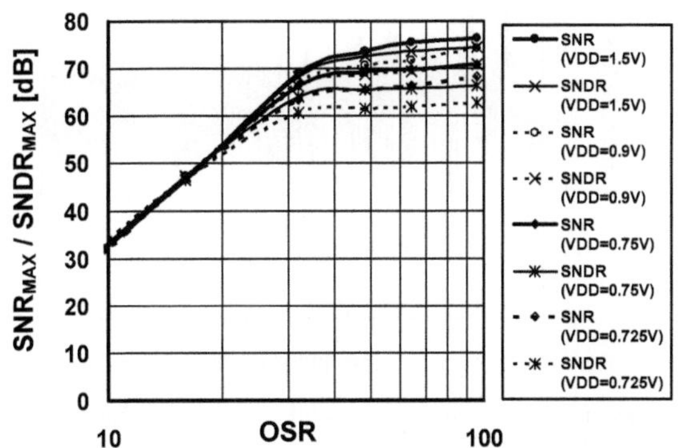

Abb. 3.42 Gemessenes maximales SNR und SNDR des nichtkaskadierten Modulators 3. Ordnung für unterschiedliche Überabtastraten und unterschiedliche Versorgungsspannungen, f_{clk}=1.024MHz und f_{in}=1.5kHz

Der Anstieg der Graphen im rechten Teil der Grafik ist im Wesentlichen durch thermisches Rauschen (kT/C) begrenzt. Der theoretische Wert für die Verbesserung der Auflösung bei einer Verdoppelung der Überabtastrate beträgt hier 3dB. Eine Verdoppelung der Signalamplitude bei gleichem thermischen Rauschpegel verbessert außerdem die mögliche Auflösung um 6dB. Dies kann ebenfalls der Grafik entnommen werden, wenn die Kurven von Messungen bei verschiedenen Versorgungsspannungen verglichen werden.

Vergleich der verschiedenen Topologien

Erwartungsgemäß können mit den Modulatoren 3. Ordnung bessere Ergebnisse erzielt werden, als mit dem Modulator 2. Ordnung. Auffallend beim nichtkaskadierten Modulator 3. Ordnung ist eine größere minimale Versorgungsspannung für ausreichende Modulatorfunktion. Betrachtet man ein gemessenes Spektrum des nichtkaskadierten Modulators 3. Ordnung unterhalb dieser Versorgungsspannung, stellt man fest, dass die Rauschübertragungsfunktion stark verändert ist. In Abb. 3.4.3 ist ein solches Spektrum bei einer Versorgungsspannung von 0.7V dargestellt.
Abb. 3.44 zeigt den vergrößerten Bereichsausschnitt des Basisbandes. Durch die geänderte Rauschübertragungsfunktion verbleibt im Bereich des Basisbandes wesentlich mehr Quantisierungsrauschleistung, was die Verschlechterung der Auflösung bewirkt.

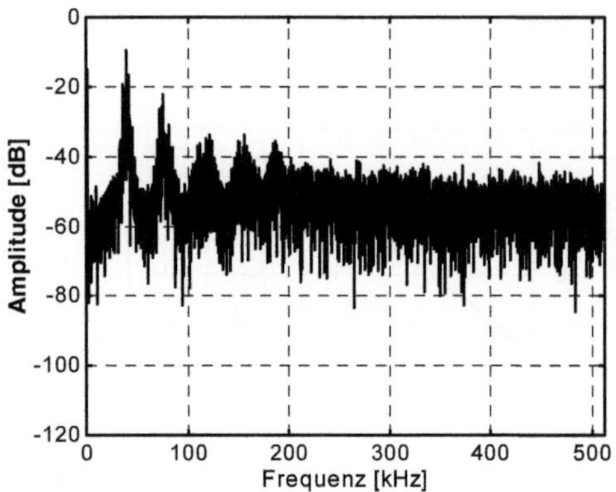

Abb. 3.43 Gemessenes Spektrum des nichtkaskadierten Modulators 3. Ordnung bei VDD=0.7V, f_{clk}=1.024MHz, f_{in}=1.5kHz und V_{in}=-12dB (Frequenzbereich bis $f_{clk}/2$)

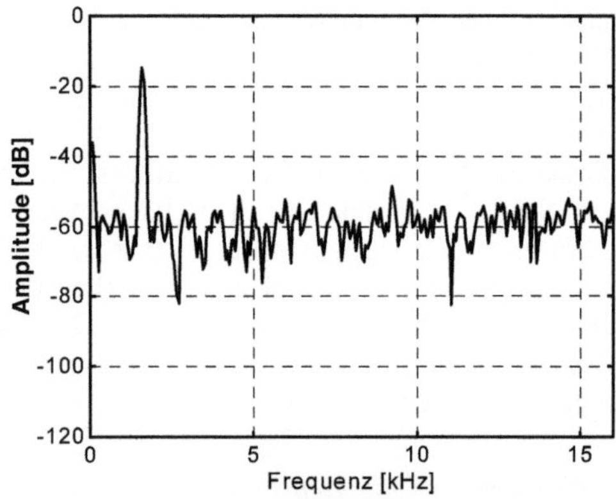

Abb. 3.44 Gemessenen Spektrum des nichtkaskadierten Modulators 3. Ordnung bei VDD=0.7V, f_{clk}=1.024MHz, f_{in}=1.5kHz und V_{in}=-12dB (Frequenzbereich bis 16kHz)

Dieses Verhalten ist systembedingt durch die stets größere Empfindlichkeit von nichtkaskadierten Modulatortopologien höherer Ordnung auf nichtideales Verhalten der Systemkomponenten zurückzuführen. Der kaskadierte Modulator 3. Ordnung weist eine geringere Empfindlichkeit bezüglich dieser Nichtidealitäten auf und ist daher wesentlich besser geeignet für den Betrieb mit extrem niedrigen Versorgungsspannungen als der nichtkaskadierte Modulator. An dieser Stelle soll jedoch darauf hingewiesen werden, dass diese Schlussfolgerung nicht uneingeschränkt auch auf höhere Modulatorordnungen übertragbar ist, da die Bauelementanforderungen bei kaskadierten Topologien bei Erhöhung der Ordnung wesentlich schneller steigen als bei nichtkaskadierten Topologien.

In Tabelle 3.2, Tabelle 3.3 und Tabelle 3.4 sind wichtige Kenngrößen der realisierten Modulatoren zusammengestellt.

Tabelle 3.2 : Gemessene Kenngrößen des nichtkaskadierten Modulators 2. Ordnung

Taktfrequenz	1.024MHz	1.024MHz
Überabtastrate	32	64
Signalbandbreite	16kHz	8kHz
SNR_{MAX}, $SNDR_{MAX}$ bei VDD=1V	58.3/58.2dB	70.2/69.2dB
SNR_{MAX}, $SNDR_{MAX}$ bei VDD=0.65V	55.2/53.4dB	70.1/65.1dB
Leistungsverbrauch bei VDD=1V	130µW	130µW
Leistungsverbrauch bei VDD=0.65V	45.5µW	45.5µW

Tabelle 3.3 Gemessene Kenngrößen des nichtkaskadierten Modulators 3. Ordnung

Taktfrequenz	1.024MHz	1.024MHz
Überabtastrate	32	64
Signalbandbreite	16kHz	8kHz
SNR_{MAX}, $SNDR_{MAX}$ bei VDD=1V	67.5/66.5dB	72.2/70.8dB
SNR_{MAX}, $SNDR_{MAX}$ bei VDD=0.75V	66.4/64.1dB	69.8/65.8dB
Leistungsverbrauch bei VDD=1V	140µW	140µW
Leistungsverbrauch bei VDD=0.75V	79µW	79µW

Tabelle 3.4 Gemessene Kenngrößen des kaskadierten Modulators 3. Ordnung

Taktfrequenz	1.024MHz	1.024MHz
Überabtastrate	32	64
Signalbandbreite	16kHz	8kHz
SNR_{MAX}, $SNDR_{MAX}$ bei VDD=1V	66.0/65.5dB	72.6/71.2dB
SNR_{MAX}, $SNDR_{MAX}$ bei VDD=0.65V	60.7/58.8dB	67.6/62.6dB
Leistungsverbrauch bei VDD=1V	180µW	180µW
Leistungsverbrauch bei VDD=0.65V	61.7µW	61.7µW

3.7 Low-Voltage MOSCAP Design

Die bislang vorgestellten Modulatoren verwenden zur Realisierung der Kapazitäten eine spezielle MIMCAP-Prozessoption [Mah_99]. Prozessoptionen für linearen Kapazitäten sind in modernen Prozessen in der Regel verfügbar. Allerdings gehen zusätzliche Prozessoptionen immer mit zusätzlichen Masken- und Fertigungskosten einher. Eine attraktive Alternative besteht darin, die gleiche Funktionalität einer Schaltung ohne solche Zusatzoptionen zu erreichen.

Metall-Metall Kapazitäten in Sandwichform stellen aufgrund großer erforderlicher Fläche keine Alternative zu MIMCAPs oder Poly-Poly Kondensatoren dar. Ebenfalls unattraktiv sind in der verwendeten 0.18µm Technologie Kondensatoren unter Verwendung lateraler Kapazitäten, mit denen in Prozessen mit noch geringeren Strukturbreiten eine relativ große Kapazität pro Fläche erreicht werden kann [Apa_01, Kut_02, Sam_98].

Im Standard-CMOS-Prozess besteht jedoch grundsätzlich die Möglichkeit die Gatekapazität eines MOSFETs als Kapazität auszunutzen. Diese Kapazitäten weisen allerdings eine sehr große Spannungsabhängigkeit auf.

In diesem Kapitel wird die Verwendung solcher MOSFET-Kapazitäten (kurz MOSCAP) für niedrige Betriebsspannungen diskutiert. Diese MOSCAPs werden im Schaltungsbeispiel 2 (Kapitel 3.8) zur Realisierung eines $\Sigma\Delta$-Modulators verwendet, der ausschließlich aus MOSFETs aufgebaut ist (MOSFET-only).

3.7.1 Standard-MOSCAP

Abb. 3.45 zeigt einen schematischen Querschnitt einer typischen Standard-MOSCAP. Es handelt sich um einen "NFET-in-n-well"-Kondensator. Die prinzipielle Kapazität/Spannungs-Kennlinie dieser MOSCAP zeigt Abb. 3.46. Liegt über den Klemmen der MOSCAP eine Spannung im Bereich um 0V an, so zeigt die MOSCAP ein stark nichtlineares Verhalten. Wird die anliegende Spannung deutlich vergrößert kommt es einerseits zu einer Vergrößerung der Kapazität und andererseits zu einer starken Verbesserung der Linearität. Aus diesem Grund werden Standard-MOSCAPs üblicherweise in Akkumulationsbereich betrieben. In Abhängigkeit der Technologie, des erforderlichen Dynamikbereiches und der erforderlichen Linearität wird eine Biasspannung von einem bis zu mehreren Volt benötigt, um hinreichend große Linearität zu erreichen. Die auftretenden Spannungspegel in der Schaltung ergeben sich aus der Summe dieser Biasspannung und des erforderlichen Dynamikbereichs. Der typische Betriebsbereich einer Standard-MOSCAP ist in Abb. 3.46 eingezeichnet.

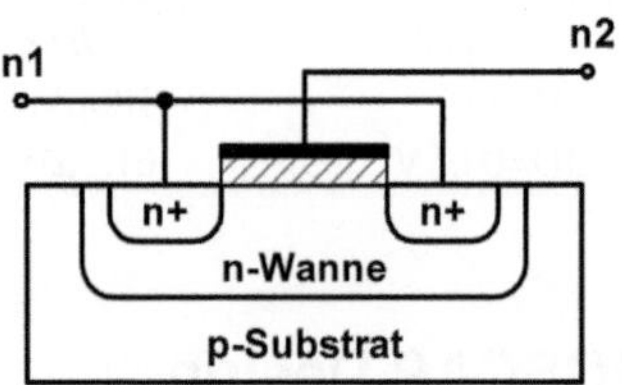

Abb. 3.45 Schematischer Querschnitt einer Standard-MOSCAP (Beispiel: „NFET-in-n-well"-Kondensator)

Abb. 3.47 zeigt das SNDR bzw. das SNR von verschiedenen veröffentlichten MOSFET-only SC-$\Sigma\Delta$-Modulatoren. Die Modulatoren auf der linken Seite der gestrichelten Linie verwenden MOSCAPs, welche im Akkumulationsbereich betrieben werden. Die niedrigste Versorgungsspannung, die hier erreicht wurde, ist 3V, wobei die Biasspannung der Kapazitäten auf 3.6V erhöht wurde, um genügende Linearität zu erreichen [Yos_99].

In modernen Prozessen ist die Einstellung des Arbeitspunktes der MOSCAPs im Akkumulations- oder Inversionsbereich wegen der großen hierfür benötigten Spannungen nicht mehr möglich. Bauelementestress würde hier zu ernsthaften Zuverlässigkeitsproblemen führen.

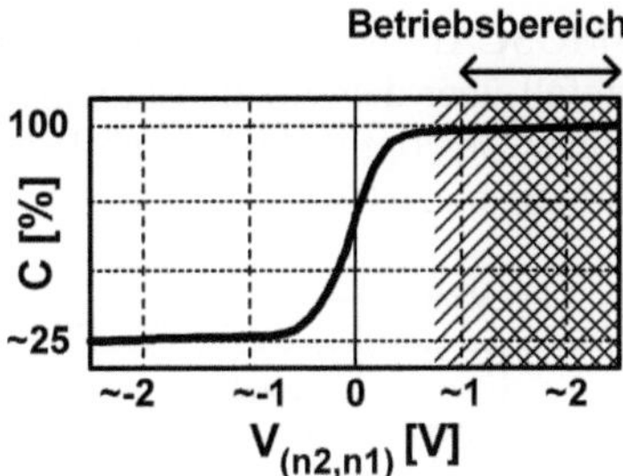

Abb. 3.46 Vereinfachte Darstellung der auf den Wert der Kapazität bei Betrieb in Akkumulation normierten Kapazitäts-/Spannungs-Charakteristik einer Standard-MOSCAP

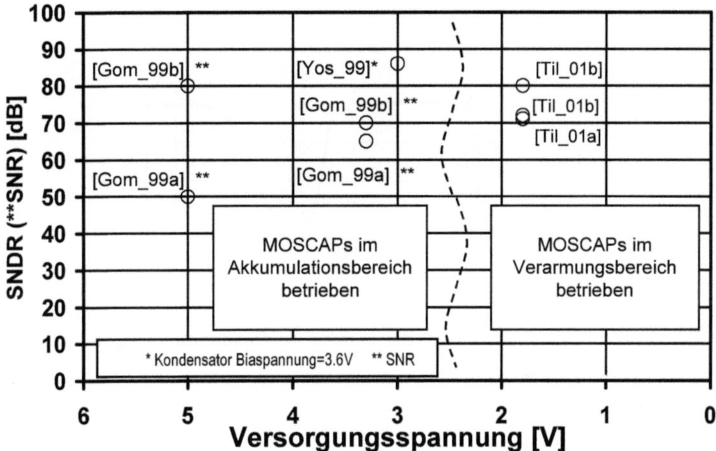

Abb. 3.47 SNDR (**SNR) als Funktion der Versorgungsspannung für verschiedene MOSFET-only SC-$\Sigma\Delta$-Modulatoren

3.7.2 "Depletion-mode"-MOSCAP

Die Modulatoren auf der rechten Seite der gestrichelten Linie von Abb. 3.47 verwenden MOSCAPs, welche im Verarmungsbereich betrieben werden. Im Gegensatz zu den MOSCAPs in Akkumulations- oder Inversionsbereich, ist die minimale Versorgungsspannung hier nicht durch eine schlechter werdende Linearität bei sehr kleinen Spannungen begrenzt [Til_00, Til_01a, Til_01b].

Ein schematischer Querschnitt einer „Depletion-mode"-MOSCAP ist in Abb. 3.48 dargestellt. Als MOSCAP wird hier ein Standard-p-MOS Transistor verwendet. Abb. 3.49 zeigt die prinzipielle Kapazitäts-/Spannungs-Kennlinie einer solchen „Depletion-mode"-MOSCAP. Im Gegensatz zur Standard-MOSCAP zeigt die „Depletion-mode"-MOSCAP die beste Linearität bei kleinen Spannungen. Je größer der Spannungsabfall über den Kondensatoranschlüssen wird, desto größer wird deren Nichtlinearität. Der optimale Betriebsbereich ist daher wie in Abb. 3.39 eingezeichnet symmetrisch zu 0V.

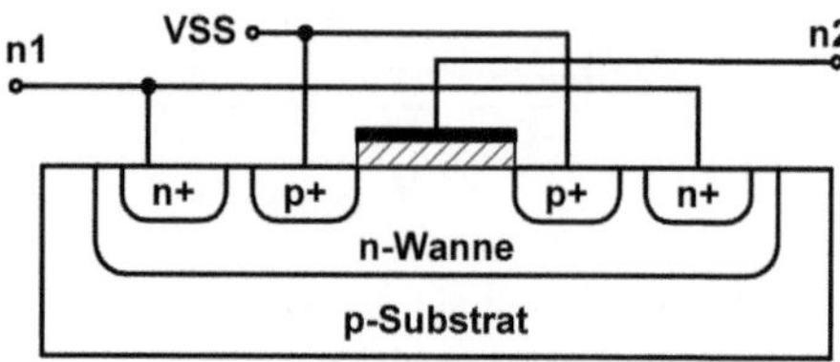

Abb. 3.48 Schematischer Querschnitt einer „Depletion-mode"-MOSCAP (Beispiel: Standard-p-MOS Transistor)

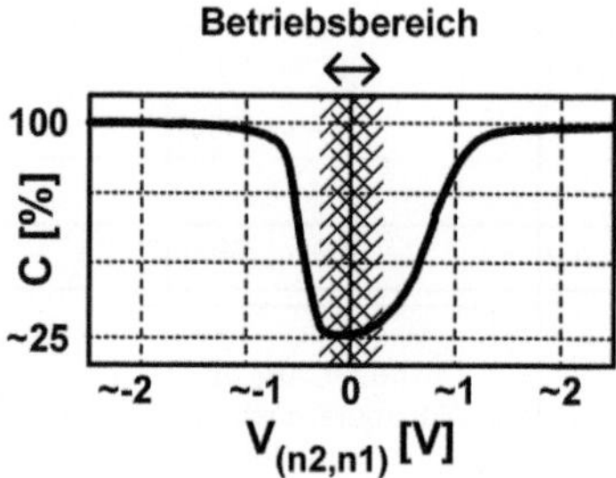

Abb. 3.49 Vereinfachte Darstellung der Kapazitäts-/Spannungs-Charakteristik einer „Depletion-mode"-MOSCAP

Obwohl durch den Betrieb im Verarmungsbereich die erreichbare spezifische Kapazität deutlich kleiner ist als bei MOSCAPs, welche im Akkumulationsbereich betrieben werden, sind die erreichbaren Werte durchaus konkurrenzfähig mit Werten, die unter Verwendung spezieller Kondensatoroptionen in aktuellen CMOS Prozessen erzielt werden.

3.7.3 Nichtlinearitäts-Kompensationstechniken

Die Linearität von MOSCAPs kann durch die Verwendung von Linearisierungstechniken verbessert werden. Grundlegende Linearisierungstechniken sind die Serienkompensation, bei der zwei MOSCAPs antiseriell verbunden werden und die Parallelkompensation, bei der eine antiparallele Verbindung benutzt wird [Kai_96, Yos_99, Til_01c]. Diese unterschiedlichen Techniken führen zu unterschiedlichem Linearitätsverhalten, aber auch zu unterschiedlichen Kapazitätswerten pro Fläche. Die Serienkombination verbindet hohe Linearität mit moderater Flächeneffizienz. Die Parallelkompensation hingegen verbindet moderate Linearität mit hoher Flächeneffizienz.

In Abb. 3.50 und Abb. 3.51 sind die entsprechenden Schaltungen für Parallel-
und Serienkompensation dargestellt. Im Falle der Serienkompensation wird ein
dritter Transistor eingefügt. Dieser Transistor stellt ein sehr hochohmiges Element
nach VSS dar. Es wird verwendet, um offene Knoten und dabei auftretende Auf-
ladungsprobleme des offenen Gates zu verhindern. Dieser Transistor arbeitet im
Unterschwellenbereich. Sein Einfluss auf das Verhalten der Kapazität ist vernachlässigbar.

3.7.4 Kapazitäts-/Spannungs-Charakteristik kompensierter „Depletion-mode"-MOSCAPs

Abb. 3.50 zeigt die gemessene Kapazitäts-/Spannungs-Charakteristik einer parallelkompensierten „Depletion-mode"-MOSCAP. Obwohl die Nichtlinearität für
kleine Spannungen noch moderat ist, steigt sie für höhere Spannungen stark an.
Daher sollten parallelkompensierte „Depletion-mode"-MOSCAPs nur dort verwendet werden, wo keine hohe Linearität erforderlich ist. Im verwendeten Prozess
wird bei dieser Kompensationstechnik eine Kapazität von $1.6 \text{fF}/\mu\text{m}^2$ erreicht.

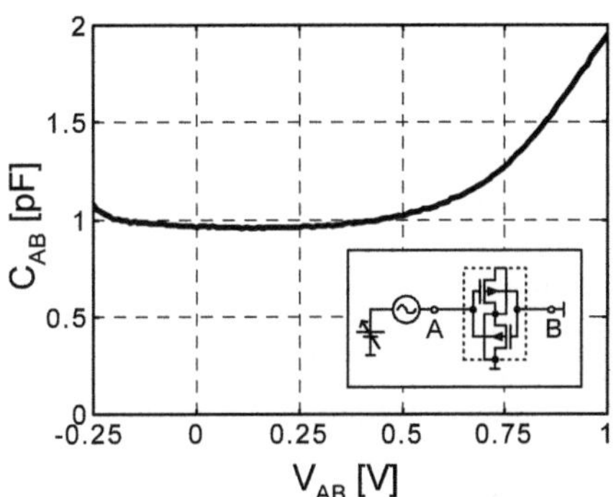

Abb. 3.50 Gemessene Kapazitäts-/Spannungs-Charakteristik einer parallelkompensierten
„Depletion-mode"-MOSCAP und Beschaltung bei Charakterisierung

Abb. 3.51 zeigt die gemessene Kapazitäts-/Spannungs-Charakteristik einer serienkompensierten „Depletion-mode"-MOSCAP. Es wird hier im gesamten Spannungsbereich eine hohe Linearität erreicht. Durch die Serienschaltung der beiden
Teilkapazitäten ist die Fläche ungefähr vier mal größer im Vergleich zu einer parallelkompensierten MOSCAP. Eine Kapazität von $0.4 \text{fF}/\mu\text{m}^2$ wird mit dieser
Kompensationstechnik im verwendeten CMOS-Prozess erzielt. Aus Gründen der
Flächeneffizienz sollte diese Kompensationsmethode vorzugsweise dann verwendet werden, wenn eine hohe Linearität erforderlich ist.

Eine Kombination dieser beiden Kompensationstechniken, basierend auf den
Linearitätsanforderungen jedes einzelnen Kondensators innerhalb einer Schaltung
führt zu einer minimalen Chipfläche in Abhängigkeit der geforderten Kennwerte

der Schaltung [Til_01a]. Konsequenterweise wird im Schaltungsbeispiel 2 in Kapitel 3.8 eine Kombination beider Linearisierungstechniken verwendet.

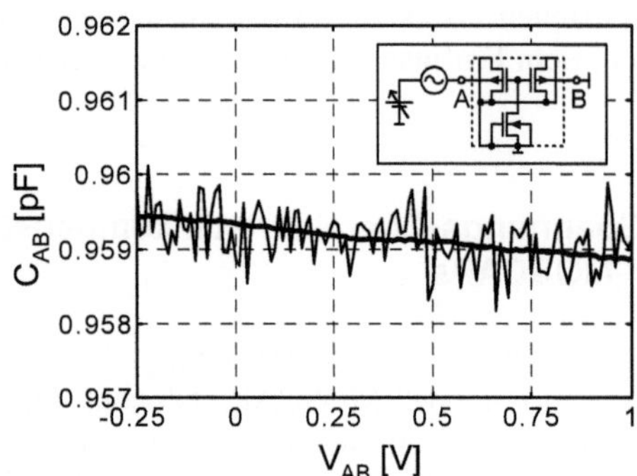

Abb. 3.51 Gemessene Kapazitäts-/Spannungs-Charakteristik einer serienkompensierten „Depletion-mode"-MOSCAP und Beschaltung bei Charakterisierung. Die dicke Linie zeigt gemittelte Daten

3.7.5 Arbeitspunkt bei sehr niedrigen Versorgungsspannungen

Werden die kompensierten MOSCAPs in Schaltungen eingesetzt, welche eine Gleichspannungspegelverschiebung verwenden, so wird der Gleichspannungsarbeitspunkt der MOSCAPs im Wesentlichen durch die Amplitude der Gleichspannungsverschiebung bestimmt. Der Kapazitätswert des Kondensators ist also eine Funktion des Gleichspannungsoffsets über der Kapazität. Eine Änderung des Gleichspannungspegelverschiebung z.B. durch Veränderung der Versorgungsspannung hat Einfluss auf den Gleichspannungsarbeitspunkt der MOSCAPs und damit auf deren Kapazität. Für die in der Modulatorschaltung verwendeten Werte der Gleichspannungspegelverschiebung ändert sich die Polarität der Kondensatoren im SC-Netzwerk im Großsignalbetrieb nicht. Der Betrieb der Kondensatoren ist durch die Gleichspannungspegelverschiebung nicht symmetrisch wie in [Til_01a] und [Til_01b].

Dieser unsymmetrische Betrieb beeinflusst auch die Aussteuerbarkeit der MOSCAPs. Die Nutzung des Effektes der Verarmungsbereichsverbreiterung durch Substratgegensteuerung, der in [Til_01a] und [Til_01b] verwendet wird, um den nutzbaren Dynamikbereich zu vergrößern, wird hier weitestgehend durch die Gleichspannungspegelverschiebung eingeschränkt. Da die Signalamplituden durch die kleinen Betriebsspannungen ebenfalls klein sind, ist jedoch auch ohne eine Verarmungsbereichsverbreiterung ein ausreichender Dynamikbereich vorhanden.

Die gemessene Nichtlinearität der parallelkompensierten „Depletion-mode"-MOSCAP beträgt für einen Gleichspannungsoffset von 0.35V und einer Amplitude von $0.5V_{p\text{-}p}$ 11.6%. Dieser Arbeitspunkt ergibt sich für die Integrationskondensatoren des Schaltungsbeispiels 2 in Kapitel 3.8 bei einer Versorgungsspannung von 0.7V.

Für die serienkompensierte „Depletion-mode"-MOSCAP beträgt die Nichtlinearität für einen Gleichspannungsoffset von 0.105V und eine Amplitude von $0.21V_{p-p}$ 0.0138%. Dieser Arbeitspunkt ergibt sich für den Abtastkondensator des folgenden Schaltungsbeispieles bei VDD=0.7V.

3.8 Schaltungsbeispiel 2: MOSFET-only Sigma-Delta-Modulator

Für dieses Schaltungsbeispiel [Sau_02a, Sau_02b, Til_02] wird die nichtkaskadierte Modulatortopologie 2. Ordnung verwendet (Abb. 3.10). Dies geschieht insbesondere wegen der Robustheit dieser Topologie bezüglich des Koeffizientenmismatches. Dies ist ein wichtiges Kriterium, da mit kompensierten, spannungsabhängigen MOS-Kapazitäten ein bestimmter Grenzwert des Koeffizientenmismatches nur schwerer unterschritten werden kann, als mit üblichen linearen Kapazitäten wie Poly-Poly Kapazitäten oder MIMCAPs, wo durch die Wahl der Flächen für diese Bauelemente eine gute Einstellung des resultierenden Koeffizientenmismatches möglich ist .

Im Vergleich zu Abb. 3.10 ist der Koeffizient a_{11} leicht von 0.33 auf 0.4 erhöht worden, um eine etwas geringere Nichtlinearität der Eingangskapazität zu erzielen. Alle anderen Koeffizienten sind identisch mit denen in Abb. 3.10.

3.8.1 Schaltungsdesign

Die verwendete Schaltung unterscheidet sich vom nichtkaskadierten Modulator 2. Ordnung aus Schaltungsbeispiel 1 darin, dass alle Kondensatoren durch kompensierte „Depletion-mode"-MOSCAPs ersetzt werden. Geänderte Schaltungsteile werden nachfolgend dargestellt. MOSCAPs werden hierbei der Übersichtlichkeit halber mit einer gestrichelten Linie eingerahmt.

Abb. 3.52 und Abb. 3.53 zeigen den Operationsverstärker und die zugehörige Common-Mode-Feedback Schaltung, bei denen die Kondensatoren durch parallelkompensierte „Depletion-mode"-MOSCAPs ersetzt sind. Hier werden wegen der geringen Linearitätsanforderungen parallelkompensierte „Depletion-mode"-MOSCAPs verwendet.

Abb. 3.54 zeigt die SC-Schaltung des Modulators in Switched-Opamp Technik mit Gleichspannungspegelverschiebung unter Verwendung von serienkompensierten und parallelkompensierten MOSCAPs.

Für den Abtastkondensator am Eingang des Modulators wird eine serienkompensierte MOSCAP verwendet, da hier eine hohe Linearität erforderlich ist. Die Linearitätsanforderungen an alle anderen Kondensatoren der SC-Schaltung sind weitaus geringer. Daher werden hier ausnahmslos parallelkompensierte MOSCAPs verwendet, um die erforderliche Fläche klein zu halten.

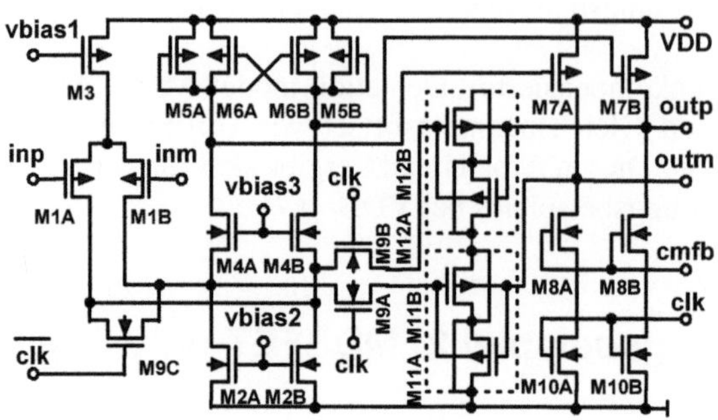

Abb. 3.52 Zweistufiger „folded cascode" Operationsverstärker unter Verwendung parallelkompensierter MOSCAPs

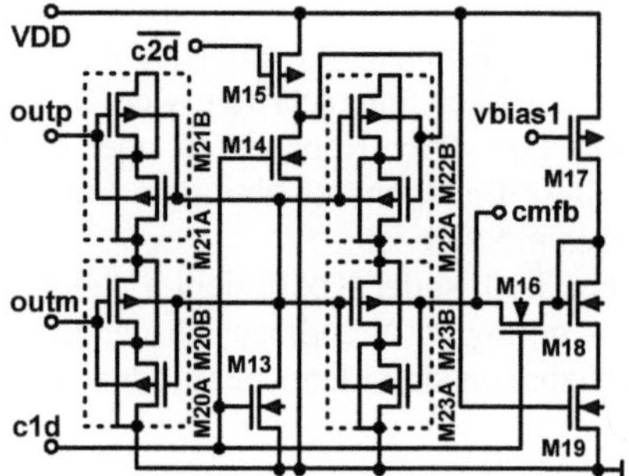

Abb. 2.53 Common-Mode-Feedback Schaltung unter Verwendung parallelkompensierter MOSCAPs

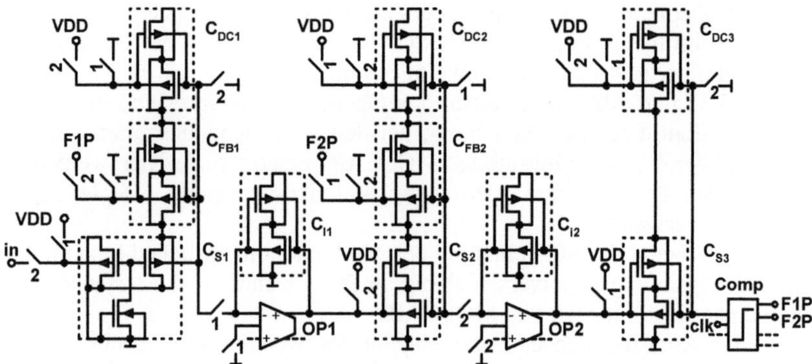

Abb. 3.54 Nichtkaskadierter Modulator 2. Ordnung in Switched-Opamp Technik mit Gleichspannungspegelverschiebung unter Verwendung von serienkompensierten und parallelkompensierten MOSCAPs

3.8.2 Messergebnisse

Abb. 3.55 zeigt das Chipfoto des nichtkaskadierten Modulators 2. Ordnung unter Verwendung von kompensierten MOSCAPs. Die Größe der Integrationskapazitäten beträgt wie beim Modulator 2. Ordnung des ersten Schaltungsbeispieles 2pF. Die aktive Fläche dieser Modulatorvariante beträgt 0.082mm^2. Deutlich erkennbar im Chipfoto sind die relativ großen serienkompensierten Abtastkondensatoren der ersten Stufe des Modulators links im Bild.

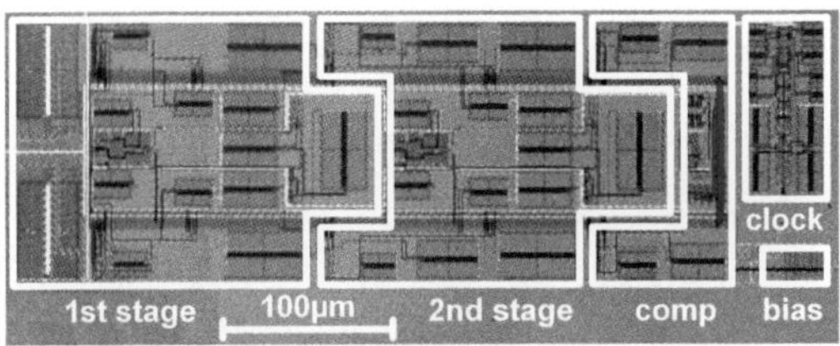

Abb. 3.55 Chipfoto des nichtkaskadierten Modulators 2. Ordnung unter Verwendung von kompensierten MOSCAPs (Fläche=0.082mm^2)

Die Messungen werden bei einer Taktfrequenz von 1.024MHz durchgeführt. Das sinusförmige Eingangssignal hat eine Frequenz von 2kHz und einen Gleichspannungsoffset von $0.15\times$VDD. Aus der verwendete Überabtastrate von 64 ergibt sich eine Basisbandbreite von 8kHz.

Abb. 3.56 zeigt das gemessenen Spektrum bei einer Versorgungsspannung von 0.7V und einer Eingangsamplitude von -12dB bezogen auf die Referenzspannungen.

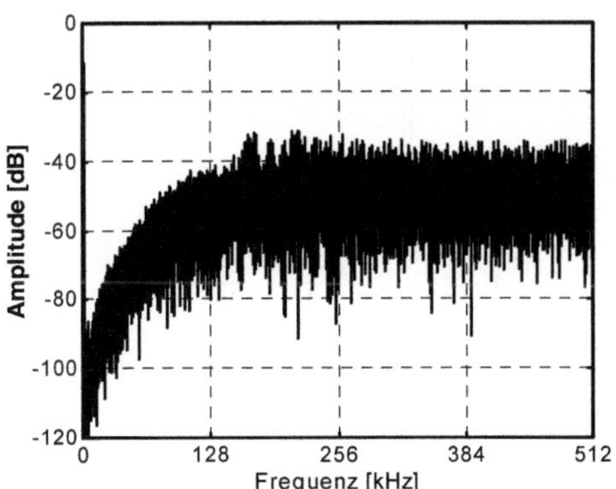

Abb. 3.56 Gemessenes Spektrum des nichtkaskadierten Modulators 2. Ordnung unter Verwendung von kompensierten MOSCAPs bei VDD=0.7V, f_{clk}=1.024MHz, f_{in}=2kHz und V_{in}=-12dB (Frequenzbereich bis $f_{clk}/2$)

Abb. 3.57 zeigt den vergrößerten Bereich des Spektrums im Bereich des Basisbandes bis 8kHz. Bei der verwendeten Eingangsamplitude zeigt der Wandler bei dieser Versorgungsspannung sein maximales SNDR von 67dB. Das maximale SNR wird bei einer Eingangsamplitude von -10dB erreicht. Ein zugehöriges Spektrum zeigt Abb. 3.58.

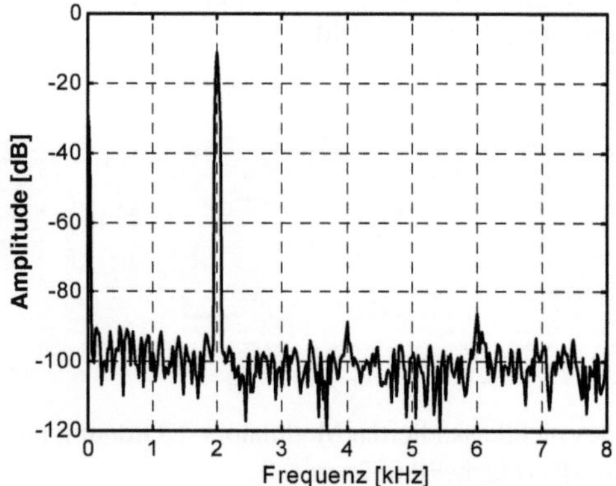

Abb. 3.57 Gemessenes Spektrum des nichtkaskadierten Modulators 2. Ordnung unter Verwendung von kompensierten MOSCAPs bei VDD=0.7V, f_{clk}=1.024MHz, f_{in}=2kHz und V_{in}=-12dB (Frequenzbereich bis 8kHz)

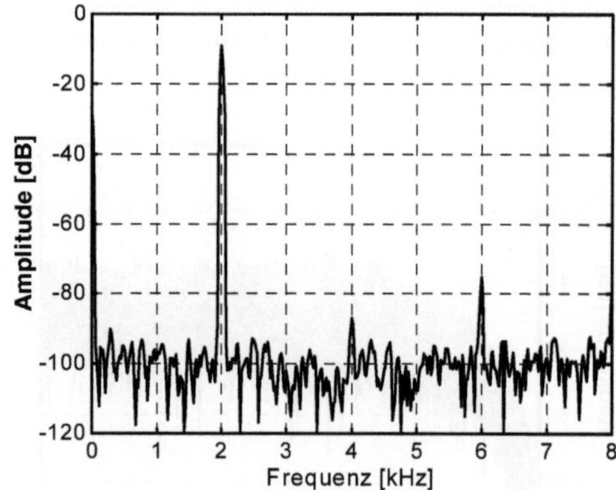

Abb. 3.58 Gemessenes Spektrum des nichtkaskadierten Modulators 2. Ordnung unter Verwendung von kompensierten MOSCAPs bei VDD=0.7V, f_{clk}=1.024MHz, f_{in}=2kHz und V_{in}=-10dB (Frequenzbereich bis 8kHz)

Abb. 3.59 zeigt das gemessene SNR und SNDR des nichtkaskadierten Modulators 2. Ordnung unter Verwendung von kompensierten MOSCAPs über der Eingangsamplitude. Das Verhalten des Modulators bei unterschiedlichen Eingangamplituden ist sehr ähnlich zum Modulator 2. Ordnung unter Verwendung von MIMCAPs aus Schaltungsbeispiel 1. Größere Verzerrungen als im Schaltungsbeispiel 1 treten bei der verwendeten Anordnung der MOSCAPs nicht auf.

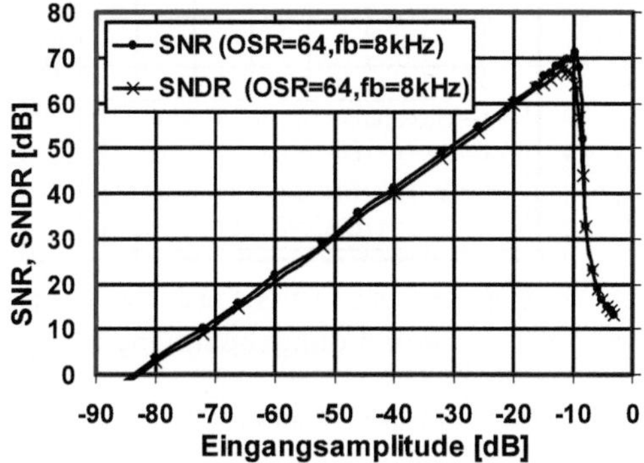

Abb. 3.59 Gemessenes SNR und SNDR des nichtkaskadierten Modulators 2. Ordnung unter Verwendung von kompensierten MOSCAPs über der Eingangsamplitude bei VDD=0.7V, f_{clk}=1.024MHz, f_{in}=2kHz

Durch die höheren parasitären Kapazitäten der MOSCAPs im Vergleich zur MIMCAP, welche bei den MOSCAPs eine Größe von ca. 15% der Nominalkapazität haben, kommt es jedoch zu einer geringfügig höheren minimalen Versorgungsspannung des Modulators. Dies führt dazu, dass der Modulator unter Verwendung von MOSCAPs nur bis zu einer minimalen Versorgungsspannung von 0.7V betrieben werden kann. Abb. 3.60 zeigt das gemessene Verhalten bei unterschiedlichen Versorgungsspannungen. Auch diese Messung zeigt nur geringe Unterschiede zur MIMCAP Variante.

In Tabelle 3.5 sind wichtige Kenngrößen des nichtkaskadierten Modulators 2. Ordnung unter Verwendung von kompensierten MOSCAPs zusammengestellt.

Tabelle 3.5 Gemessene Kenngrößen des nicht kaskadierten Modulators 2. Ordnung unter Verwendung von kompensierten MOSCAPs

Taktfrequenz	1.024MHz	1.024MHz
Überabtastrate	32	64
Signalbandbreite	16kHz	8kHz
SNR_{MAX}, $SNDR_{MAX}$ bei VDD=1V	57.4/57.1dB	71.5/66.4dB
SNR_{MAX}, $SNDR_{MAX}$ bei VDD=0.7V	57.1/56.8dB	70/67dB
Leistungsverbrauch bei VDD=1V	140μW	140μW
Leistungsverbrauch bei VDD=0.7V	80μW	80μW

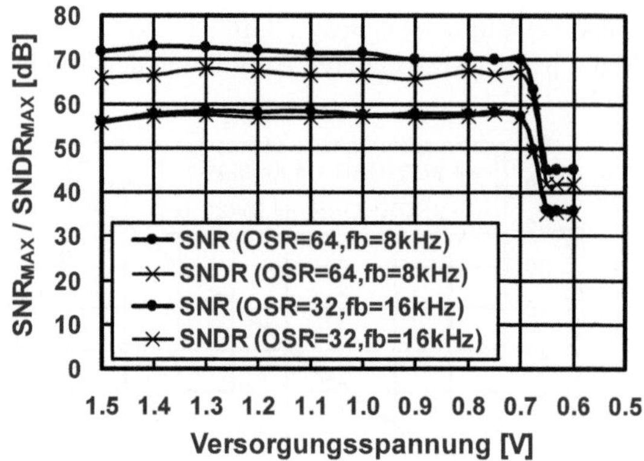

Abb. 3.60 Gemessenes Maximum von SNR und SNDR des nichtkaskadierten Modulators 2. Ordnung unter Verwendung von kompensierten MOSCAPs bei unterschiedlichen Versorgungsspannungen, f_{clk}=1.024MHz, f_{in}=2kHz

3.9 Vergleich zu anderen auf dem Sigma-Delta Prinzip basierenden A/D-Wandlern

In Abb. 3.61 ist das SNDR von verschiedenen veröffentlichten Tiefpass-$\Sigma\Delta$-Modulatoren für sehr niedrige Versorgungsspannung über der Versorgungsspannung dargestellt. Die in dieser Arbeit vorgestellten Modulatoren arbeiten mit den niedrigsten derzeit veröffentlichten Versorgungsspannungen für $\Sigma\Delta$-Modulatoren.

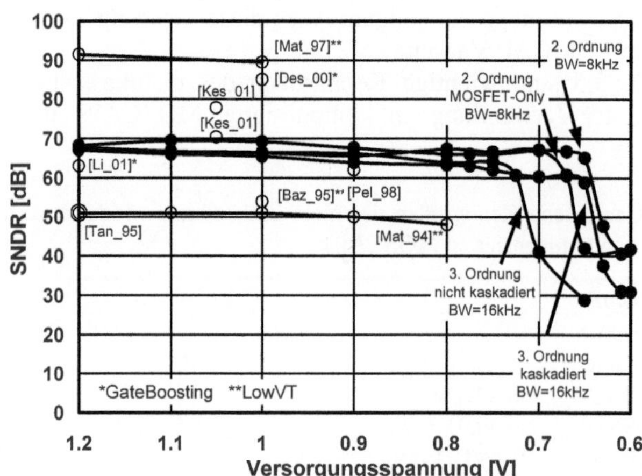

Abb. 3.61 SNDR als Funktion der Versorgungsspannung für verschiedene $\Sigma\Delta$-Modulatoren niedriger Versorgungsspannung

In Tabelle 3.6 sind wichtige Kenngrößen der Wandler aus Abb. 3.61 dargestellt.

Tabelle 3.6 Vergleich zu anderen $\Sigma\Delta$-Modulatoren mit niedriger Versorgungsspannung

Referenz	Typ	Linear C ***	VDD [V]	DR [dB]	BW [kHz]	P [µW]	A [mm²]	FOM [10^{18}s^{-1}W^{-1}m^{-2}]
2. Ordnung	SO	ja	0.65	74	8	45.5	0.096	7.47
3. Ordnung kaskadiert	SO	ja	0.65	66	16	61.7	0.139	3.03
2. Ordnung MOSFET-only	SO	nein	0.7	75	8	80	0.082	5.58
3. Ordnung nicht kaskadiert	SO	ja	0.75	68	16	79	0.17	2.43
[Mat_94]	CT**	ja	0.8	58	192	600	2.53	0.08
[Pel_98]	SO	ja	0.9	77	16	40	0.85	2.71
[Mat_94]	CT**	ja	1	58	192	1560	2.53	0.03
[Mat_97]	CT**	ja	1	90.5	20	3400	?	?
[Baz_95]	SC**	ja	1	54	4	100	≈0.12****	≈0.01
[Des_00]	SC*	ja	1	88	25	950	0.63	0.85
[Kes_01]	RO	ja	1.05	80	20	5600	0.41	0.07
[Kes_01]	RO	ja	1.05	74	50	5600	0.41	0.09
[Mat_97]	CT**	ja	1.2	94	20	6500	?	?
[Tan_95]	SI	nein	1.2	61	8	780	0.47	0.02
[Li_01]	SO*	ja	1.2	75	3.4	38	0.7	0.58

*= Gate boosting   SO=Switched Opamp   CT=Continuous Time
**= LowVT   SC=Switched Capacitor RO=Reset Opamp
***=z.B. Poly-poly oder MIMCAP SI=Switched Current
****=geschätzter Wert aus Chipfoto

Zum Vergleich verschiedener Wandler untereinander wird oft eine Performan-
cekennzahl, eine so genannte „Figure-of-Merit" (FOM), verwendet. Die „Figure-
of-Merit" ergibt sich aus der Auflösung des Wandlers, seiner Bandbreite BW, dem
Leistungsverbrauch P und evtl. dessen Flächenverbrauch A. Unterschiedliche Definitionen ergeben sich insbesondere aus der Wichtung der Auflösung im Vergleich zu den anderen Größen, der Bestimmung der Auflösung aus SNR, SNDR

oder Dynamikbereich und dem Einfließen des Flächenverbrauches, welcher ein Parameter für die Kosten des Wandlers ist.

Folgende einfache Formel wird hier zur Berechnung der „Figure-of-Merit" verwendet. Es handelt sich hierbei um eine Kombination der „Figure-of-Merit" Definitionen aus [Bul_00] und [Wal_99]:

$$\text{FOM} = \frac{\text{Auflösung} \times \text{Bandbreite}}{\text{Verlustleistung} \times \text{Fläche}} = \frac{10^{\frac{DR[dB] - 1.78dB}{20}} \times BW}{P \times A} \tag{3.32}$$

Zur Berechnung des Auflösung wird wie bei überabgetasteten Wandlern üblich, der Dynamikbereich der Wandler verwendet.

Die in der Arbeit gezeigten Wandler zeichnen sich im Vergleich zu den anderen veröffentlichten Wandlern durch die höchsten „Figure-of-Merit"-Werte aus. Der MOSFET-only Modulator verwendet außerdem im Gegensatz zu den meisten anderen Veröffentlichungen keinen linearen Kondensator, was darüber hinaus einen Kostenvorteil darstellt.

4 Möglichkeiten der Reduktion des Leistungsverbrauches bei Switched-Opamp Schaltungen

4.1 Dynamische Anpassung der Stromaufnahme von Baugruppen

Um die Funktion einer Switched-Opamp Schaltung zu gewährleisten, reicht es aus, den Stromfluss in der Ausgangsstufe in Abhängigkeit der äußeren Beschaltung nach VDD bzw. nach VSS zu unterbrechen. Durch diese Maßnahme verringert sich automatisch die Leistungsaufnahme dieser Stufe. Der genaue Wert der Verringerung hängt ab vom Tastverhältnis der angelegten Schaltsignale. Wird ein symmetrisches Schaltsignal verwendet, ergibt sich eine Reduktion um 50%. Da die Ausgangsstufe in der Regel den größten Leistungsverbrauch im Operationsverstärker (OPV) hat, ist ein komplettes Ausschalten des Operationsverstärkers zur weiteren Verringerung der Leistungsaufnahme meist nicht sinnvoll, da dies zu einem relativ langen Einschwingverhalten führen kann.

Um dennoch einen Teil dieser nicht genutzten Leistung einzusparen, ist es möglich den Strom in der restlichen Operationsverstärkerschaltung nicht komplett abzuschalten, sondern nur zu reduzieren, um den Arbeitspunkt der Schaltung verhältnismäßig geringfügig zu beeinflussen.

Für den im Schaltungsbeispiel 1 verwendeten Operationsverstärker (Abb. 3.22) ergibt sich so die in Abb. 4.1 dargestellt Schaltung. Die Stromquellen der ersten Verstärkerstufe M2A, M2B und M3 aus Abb. 3.22 werden jeweils in zwei einzelne Transistoren gesplittet. M2A aus Abb. 3.22 wird in M2A und M2C gesplitted, M2B aus Abb. 3.22 wird in M2B und M2D gesplitted und M3 aus Abb. 3.22 wird in M3A und M3B gesplitted. Das Gate des einen Transistors dieser Transistorpaare liegt jeweils direkt an der zugehörigen Referenzspannung, das Gate des zweiten Transistors liegt je nach Taktphase an der zugehörigen Referenzspannung oder an einer der Versorgungsspannungen, um den entsprechenden Transistor abzuschalten. In der aktiven Phase des Operationsverstärkers („clk"-Signal auf VDD) sind jeweils beide der Stromquellentransistoren aktiv. Die Dimensionierung der beiden Teilströme erfolgt so, dass in der aktiven Phase der Gesamtbiasstrom gleich dem Biasstrom des ursprünglichen Operationsverstärkers ist.

In der „Aus"-Phase des Operationsverstärkers wird ein Teil des Biasstromes der Eingangsstufe abgeschaltet. Das Verhältnis von festem und steuerbarem Biasstrom wird durch ein unterschiedliches Verhältnis der Transistorweiten zusammengehöriger Stromquellentransistoren festgelegt. Dieses Verhältnis stellt einen Kompromiss zwischen Einschwingverhalten und Stromersparnis dar.

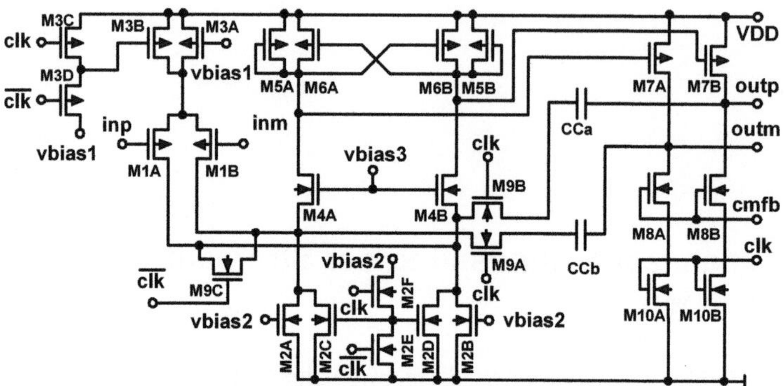

Abb. 4.1 Modifizierter zweistufiger Operationsverstärker

Ähnliche Schaltungen sind für den Einsatz in Standard-SC-Schaltungen bekannt, bei denen die Stromaufnahme während des Haltevorganges im Vergleich zum Integrationsvorgang deutlich verringert wird [Cus_01].

4.2 Verändertes Taktschema

Eine aus anderen Schaltungstechniken nicht bekannte Möglichkeit der Leistungseinsparung ergibt sich aus der Verwendung geschalteter Operationsverstärker.

Eine allgemein übliche Vorgehensweise im analogen Schaltungsdesign besteht darin, dass die analogen Schaltungen in der Regel stark überdimensioniert sind, so dass z.B. Schwankungen von Prozessparametern, Mismatch der Bauelemente, Schwankungen der Versorgungsspannung und unterschiedliche Temperaturen nicht zum Ausfall der Schaltung führen. Diese Überdimensionierung analoger Schaltungen führt zu einem erhöhten Leistungsverbrauch. Sollen die Schaltungen auch unter Worst-case Bedingungen aller dieser Einflussgrößen noch zuverlässig arbeiten, so ist der Leistungsverbrauch unter Nominalbedingungen deutlich größer als für deren Funktion eigentlich nötig.

Eine Anpassung der Schaltungen an diese Schwankungen ist nur über die nachträgliche automatische Anpassung der verwendeten Biasströme möglich. Eine Änderung der Biasströme hat allerdings Auswirkungen auf den Arbeitspunkt. Daher ist ein solches Vorgehen schwierig und nur in begrenztem Unfang möglich.

In einer SC-Schaltung wirkt sich die oben beschriebene Überdimensionierung derart aus, dass die Schaltung wesentlich schneller einschwingt als eigentlich nötig.

Betrachtet man das zeitliche Verhalten einer solchen Schaltung in Switched-Opamp Technik, stellt man fest, dass es zwischen den nichtüberlappenden Taktsignalen einen kurzen Zeitraum gibt, zu dem alle Operationsverstärker ausgeschaltet sind. Unter Verwendung von gut dimensionierten schaltbaren Operationsverstärkern ist die Leistungsaufnahme in dieser Phase vernachlässigbar klein.

Üblicherweise sind die einzelnen Taktphasen annähernd gleich der halben Periodendauer des verwendeten Taktes. Ist der Operationsverstärker jedoch schneller als für die Funktion der Schaltung nötig, so ist für das Einschwingen des Operationsverstärkers auch keine volle Taktphase nötig. Um Leistung zu sparen, kann demnach in diesem Fall die Länge der aktiven Taktphasen verkürzt werden. Somit wird jeder Operationsverstärker weniger als 50% während eines ganzen Taktes eingeschaltet und verbraucht damit auch proportional weniger Leistung. Es liegt also nahe, die Länge der Taktphasen steuerbar zu gestalten.

Dies kann entweder dadurch geschehen, dass die Länge der zwischen den Taktphasen befindlichen „AUS"-Phasen symmetrisch verlängert wird, oder dass nur eine der „AUS"-Phasen unsymmetrisch verlängert wird. Außerdem kann auch die Länge der „AUS"-Phasen verschiedener Stufen einer SC-Schaltung unterschiedlich sein. Dies ist sinnvoll, wenn zum Beispiel durch unterschiedliche kapazitive Last oder Verwendung unterschiedlicher Operationsverstärker unterschiedliche Einschwingzeiten auftreten.

Die Länge der Taktphasen kann automatisch angepasst werden. Eine mögliche Schaltung zeigt Abb. 4.2. Die Messung der Geschwindigkeit der analogen Schaltungen kann z.B. durch Messung von Signallaufzeiten durch digitale Gatter abgeschätzt werden, welche sich auf dem gleichen Substrat befinden. Je nach Laufzeit der digitalen Signale erzeugt ein Taktgenerator einen Takt mit unterschiedlichem Tastverhältnis.

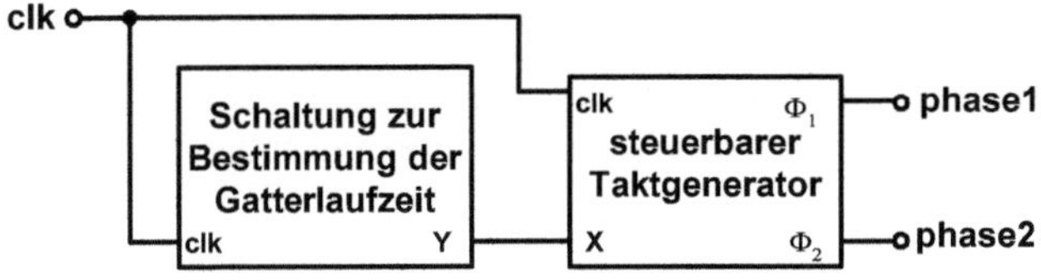

Abb. 4.2 Schaltung zur Erzeugung eines Taktes mit veränderlichem Tastverhältnis zur Minimierung der Leistungsaufnahme

Der sich aus dieser Schaltung ergebende Zwei-Phasentakt ist für schnelle und langsame Gatterlaufzeit in Abb. 4.3 und Abb. 4.4 dargestellt. Ergibt die Messung der Gatterlaufzeit kleine Werte, so werden zwischen den einzelnen Taktphasen lange „AUS"-Phasen t_a eingefügt (Abb. 4.3), was zu einer großen Leistungseinsparung führt. Die Länge von t_a hängt hierbei von der Gatterlaufzeit ab.

Wird eine sehr große Gatterlaufzeit gemessen, so ist zwischen den beiden Taktphasen keine zusätzliche „AUS"-Phase eingefügt (Abb. 4.4). Zwischen den Taktphasen liegt nur noch eine kurze Zeitspanne δ, welche stets benötigt wird um ein Überlappen der Taktphasen unter realen Randbedingungen sicher auszuschließen. Die mögliche Einschwingzeit wird voll ausgenutzt.

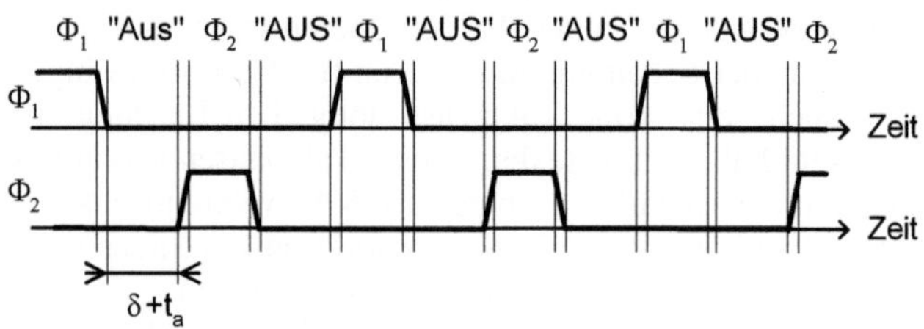

Abb. 4.3 Schematische Darstellung des mit der Schaltung gemäß Abb. 4.2 erzeugten Taktes für kleine Gatterlaufzeit

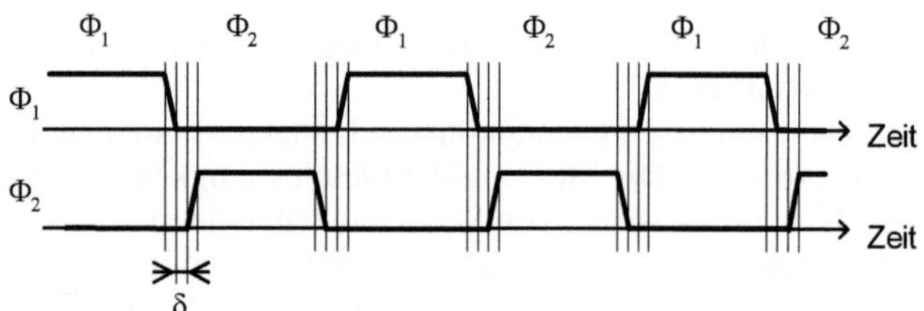

Abb. 4.4 Schematische Darstellung des mit der Schaltung gemäß Abb. 4.2 erzeugten Taktes für große Gatterlaufzeit

Dieses Schaltungsprinzip kann auch verwendet werden, wenn eine SC-Schaltung mit geschalteten Operationsverstärkern für unterschiedliche Anwendungen Verwendung finden soll, z.B. für die Anwendung in Multi-Band Sende- und Empfangsgeräten (AM/FM [Cus_00], GSM/WCDMA [Bur_01, Gom_02], u.s.w.). Hier müssen die Wandler je nach Band unterschiedliche Abtastraten zur Verfügung stellen. Bei Verwendung einer geringen Abtastrate ist es daher ausreichend, ein geringeres Tastverhältnis zu verwenden, was zu einer geringeren Leistungsaufnahme führt. Der Arbeitspunkt der Schaltung bleibt hiervon unbeeinflusst. Bei einer hohen Abtastrate muss das volle Tastverhältnis verwendet werden, was zur maximalen Leistungsaufnahme führt.

Eine weitere Anwendung des vorgestellten Taktschemas besteht in der Anpassung eines bestimmten geschalteten Operationsverstärkers für die Verwendung in Schaltungen/Schaltungsteilen mit unterschiedlichen Operationsverstärkeranforderungen. Ein typisches Beispiel hierfür sind SC-$\Sigma\Delta$-Modulatoren zweiter und höherer Ordnung. Hier wird die Größe der Kapazitäten der einzelnen Stufen des Modulators üblicherweise entsprechend ihrer thermischen (kT/C) Rausch-Beiträge auf das Modulatorausgangssignal angepasst. Das führt zu sehr unterschiedlichen Kapazitätswerten zwischen der Ersten (größten) und den restlichen Stufen. Ein Taktschema für ein dreistufiges Design mit fallenden Kondensatorgrößen ist in Abb. 4.5 dargestellt. Hier werden die geschalteten Operationsverstärker von drei verbundenen Stufen mit drei unterschiedlichen Taktsignalen betrieben. Die Operationsverstärker welche in Taktphase 1 aktiv sind werden mit den Signalen Φ_{1A} und Φ_{1B} gesteuert. Das Signal Φ_{1A} für den ersten Operationsverstärker hat hier beispielsweise keine „Aus"-Phase, das Signal Φ_{1B} für den dritten Operationsverstärker dagegen weist eine lange „Aus"-Phase auf. Der zweite Operationsverstärker welcher in Taktphase 2 aktiv ist wird mit dem Signal Φ_2 betrieben welches eine kürzere „Aus"-Phase als das Signal Φ_{1B} hat.

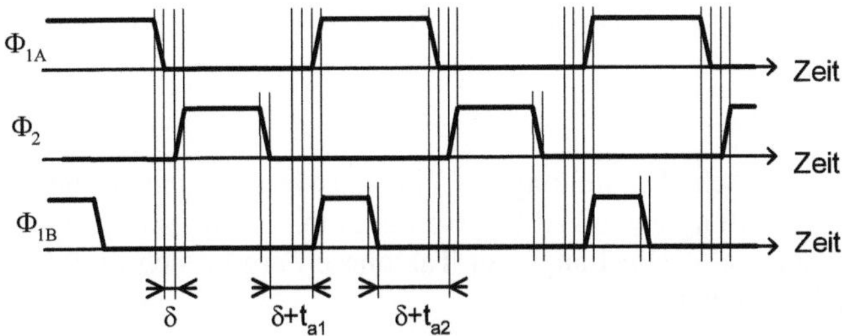

Abb. 4.5 Schematische Darstellung der Taktsignale für eine dreistufige SO-Schaltung mit unterschiedlichen Werten von t_a

4.3 Schaltungsbeispiel 3: Sigma-Delta-Modulator 2. Ordnung mit verändertem Taktschema

Anhand eines Schaltungsbeispieles soll hier die Funktion des steuerbaren Taktgenerators dargestellt werden. Hierzu wird der nichtkaskadierte Modulator 2. Ordnung aus Schaltungsbeispiel 1 mit einem steuerbaren Taktgenerator betrieben. Die Länge der „AUS"-Phase wird bei dieser Testschaltung nicht aus Gatterlaufzeiten bestimmt, sondern durch das Tastverhältnis des extern angelegten Signals vorgegeben.

4.3.1 Schaltungsdesign

Eine einfache Möglichkeit, für Messzwecke ein veränderbares Tastverhältnis zu realisieren, besteht in der Verwendung eines Taktgenerators mit veränderbaren Tastverhältnis in Verbindung mit einem Frequenzteiler. Abb. 4.6 zeigt die verwendete Schaltung. Der Taktgenerator wird hierbei mit der doppelten Frequenz des Modulators $f_{clk2}=2\times f_{clk}$ betrieben. Diese Frequenz wird mit Hilfe eines D-Flip-Flops im Verhältnis 2:1 geteilt. Beide Ausgänge des D-Flip-Flops werden logisch mit dem Eingangssignal der Schaltung verknüpft. Das Ergebnis sind zwei nichtüberlappende Taktsignale, deren Tastverhältnis direkt durch das Tastverhältnis des Generators einstellbar ist.

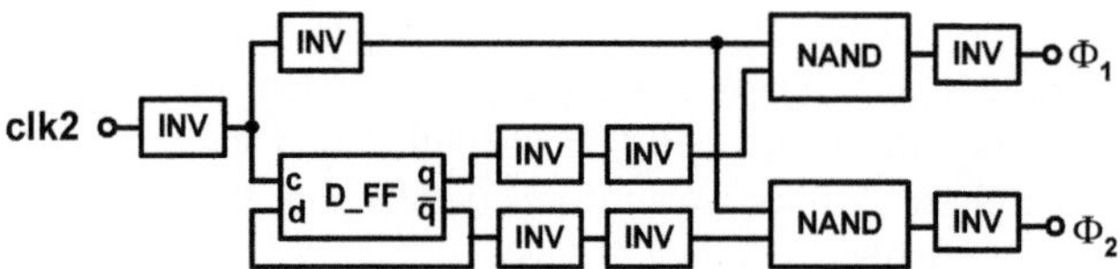

Abb. 4.6 Schaltung zur Erzeugung eines Zwei-Phasentaktes mit veränderbarem Tastverhältnis

Eine schematische Darstellung des Eingangssignales und der beiden Ausgangssignale der Schaltung gemäß Abb. 4.6 ist in Abb. 4.7 für ein Tastverhältnis von ½, ¼ und ¾ dargestellt. Die Länge der Taktphasen ergibt sich direkt aus dem Tastverhältnis des Eingangssignales.

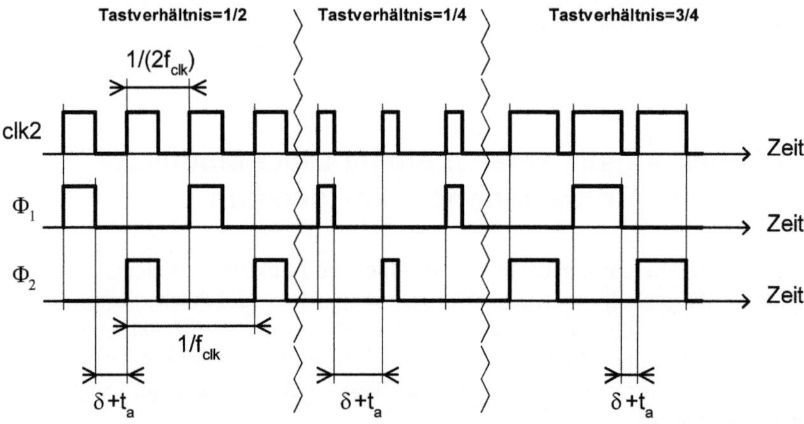

Abb. 4.7 Schematische Darstellung des Eingangssignales und der Ausgangssignale der Schaltung gemäß Abb. 4.6

Aus diesem nichtüberlappenden Zwei-Phasentakt werden mit dem Taktgenerator aus Schaltungsbeispiel 1 invertierte und verzögerte Taktsignale generiert.

Bis auf die Verwendung des veränderten Taktschemas ist die verwendete Schaltungstechnik identisch zu der des nichtkaskadierten Modulators 2. Ordnung des Schaltungsbeispieles 1.

4.3.2 Messergebnisse

Die Messungen werden bei einer Versorgungsspannung von 0.8V und einer Taktfrequenz von 1.024MHz durchgeführt. Dies entspricht einer Frequenz des Taktgenerators von 2.048MHz. Die Auswertung der Messergebnisse erfolgt für eine Überabtastrate von 64, was einer Bandbreite von 8kHz entspricht.

Abb. 4.8 zeigt die gemessenen maximalen Werte des SNR und des SNDR als Funktion der Gesamtstromaufnahme des Modulators in Abhängigkeit von Biasstrom und Tastverhältnis. Die äußersten, rechten Punkte der einzelnen Kurven entsprechen jeweils einer vorgegebenen Stromaufnahme bei einem Tastverhältnis von 0.95. Die einzelnen Datenpunkte einer Kurve stellen die Abhängigkeit von SNR_{MAX} und $SNDR_{MAX}$ vom Tastverhältnis bei unverändertem Biasstrom dar.

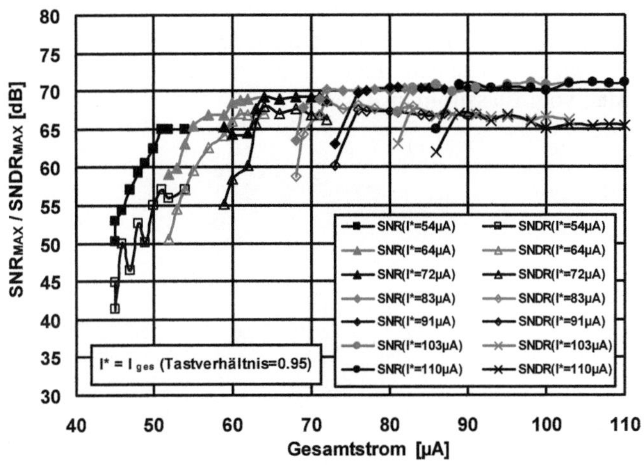

Abb. 4.8 SNR_{MAX} und $SNDR_{MAX}$ über Stromaufnahme für unterschiedliche Gesamtstromaufnahme I_{ges} und unterschiedliches Tastverhältnis, I_{ges}=54µA, 64µA, 72µA, 83µA, 91µA, 103µA, 110µA bei Tastverhältnis=0.95, Graphen v.l.n.r, Tastverhältnis=0.5, 0.55, 0.6, 0.65, 0.7, 0.75, 0.8, 0.85, 0.9, 0.95 (Datenpunkte v.l.n.r), VDD=0.8V, f_{clk}=1.024MHz, f_{in}=2kHz, OSR=64

Betrachtet man die am weitesten rechts liegenden Kurven von SNR und SNDR stellt man fest, dass die Werte von SNR und SNDR im Bereich eines Tastverhältnisses zwischen 0.55 und 0.95 annähernd konstant sind. Für den verwendeten Biasstrom sind die Operationsverstärker wesentlich schneller als erforderlich. Es reicht daher aus, die Endstufe nur ca. 50% der zur Verfügung stehenden Zeit einzuschalten, ohne dass sich die Auflösung des Wandlers maßgeblich verschlechtert.

Betrachtet man die am weitesten links liegenden Kurven von SNR und SNDR stellt man fest, dass hier selbst bei einem Tastverhältnis von 0.95 schon eine deutliche Verschlechterung von SNR und SNDR auftritt. Der verwendete Biasstrom reicht hier selbst bei vollem Tastverhältnis nicht mehr für die Funktion der Schaltung aus.

Bei einer vorgegebenen Stromaufnahme von 64µA bei einem Tastverhältnis von 0.95 wird für ein hohes Tastverhältnis von 0.85 eine ausreichende Performance erreicht. Bei höheren vorgegebenen Strom bei einem Tastverhältnis von 0.95 verringert sich das notwendige Tastverhältnis.

Insgesamt fällt auf, dass sich zwar in Äbhängigkeit des Tastverhältnisses eine deutliche Änderung der Stromaufnahme ergibt, dass diese aber nicht proportional zum verwendeten Tastverhältnis ist. Dies resultiert aus dem Konzept des Modulators, welcher nicht für diesen Zweck optimiert wurde. Die einzelnen gemittelten Teilströme des Modulators bei einem Tastverhältnis von 0.95 und bei unterschiedlichen Biasströmen sind in Abb. 4.9 dargestellt. Die Ströme sind im Wesentlichen proportional zum eingespeisten Biasstrom. Lediglich die digitalen Schaltungsteile und die unter „Sonstige Komponenten" angegebenen Ströme in der obersten Hierarchieebene, welche größtenteils Lade- und Entladevorgänge von Kondensatoren darstellen, sind vom Biasstrom unabhängig.

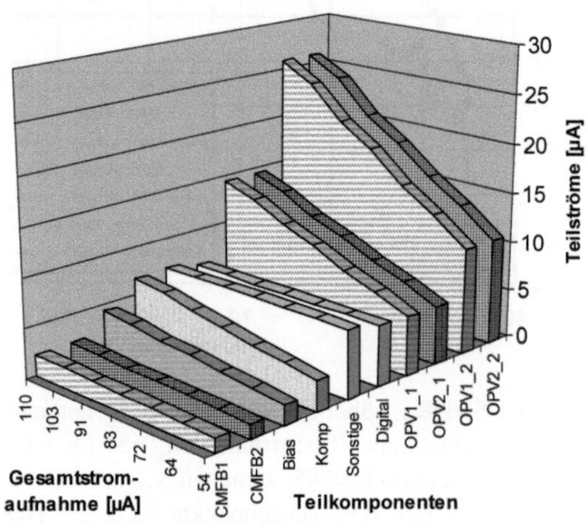

Abb. 4.9 Gemittelte Ströme durch die Teilkomponenten des Modulators bei unterschiedlicher Gesamtstromaufnahme bei einem Tastverhältnis von 0.95 (Simulation), CMFB1: Common-Mode-Feedback Schaltung 1, CMFB2: Common-Mode-Feedback Schaltung 2, Bias: Bias Schaltung, Komp: Komparator, Sonstige: Sonstige Komponenten, Digital: Digitale Schaltungen, OPV1_1: erste Stufe des ersten Operationsverstärkers, OPV2_1: erste Stufe des zweiten Operationsverstärkers, OPV1_2: zweite Stufe des ersten Operationsverstärkers, OPV2_2: zweite Stufe des zweiten Operationsverstärkers

Die gemittelten Teilströme des Modulators bei fest eingestelltem Biastrom und unterschiedlichem Tastverhältnis zeigt Abb. 4.10. Hier wird deutlich, dass bei unterschiedlichem Tastverhältnis nur die Stromaufnahme durch die zweite Stufe des

Operationsverstärkers beeinflusst wird. Insgesamt ist der Stromanteil der zweiten Stufe im Vergleich zur Gesamtstromaufnahme moderat, so dass sich in Abb. 4.8 auch nur eine moderate Leistungseinsparung ergeben hat.

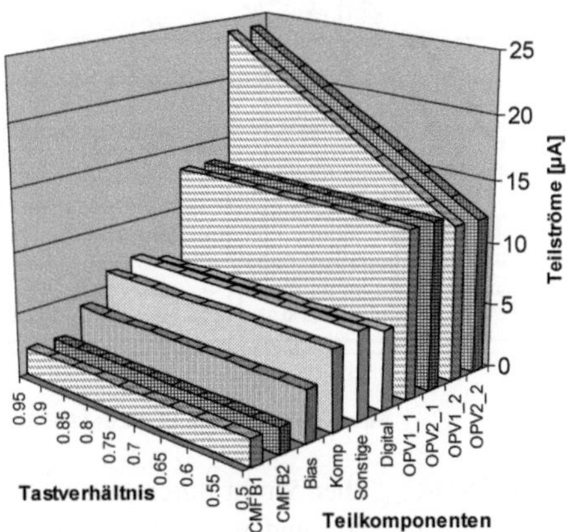

Abb. 4.10 Gemittelte Ströme durch die Teilkomponenten des Modulators bei unterschiedlichem Tastverhältnis (für 103µA Gesamtstromaufnahme bei einem Tastverhältnis von 0.95) (Simulation), CMFB1: Common-Mode-Feedback Schaltung 1, CMFB2: Common-Mode-Feedback Schaltung 2, Bias: Bias Schaltung, Komp: Komparator, Sonstige: Sonstige Komponenten, Digital: Digitale Schaltungen, OPV1_1: erste Stufe des ersten Operationsverstärkers, OPV2_1: erste Stufe des zweiten Operationsverstärkers, OPV1_2: zweite Stufe des ersten Operationsverstärkers, OPV2_2: zweite Stufe des zweiten Operationsverstärkers

Subtrahiert man die konstanten Ströme vom gemessenen Gesamtstrom, so kann man aus der Gesamtstromaufnahme auf den Strom in den zweiten Stufen der Operationsverstärker schließen. Dies ist in Abb. 4.11 dargestellt. Der Strom durch diese Stufe ist proportional zum Tastverhältnis. Im Falle eines vorgegebenen Biasstromes, welcher bei einem Tastverhältnis von 0.95 zu einer Gesamtstromaufnahme von 110µA führt, erfolgt nahezu eine Halbierung der Stromaufnahme der zweiten Stufen der Operationsverstärker ohne Auswirkungen auf SNR und SNDR des Modulators.

Der Einfluss des Tastverhältnisses auf die Stromaufnahme der zweiten Stufe der Operationsverstärker ist in Abb. 4.12 anschaulich dargestellt. Die proportionale Verringerung der Stromaufnahme mit sinkendem Tastverhältnis ist in dieser Darstellung gut zu erkennen.

Die Messergebnisse zeigen, dass die Verwendung dieses Taktschemas zu einer signifikanten Leistungseinsparung beitragen kann.

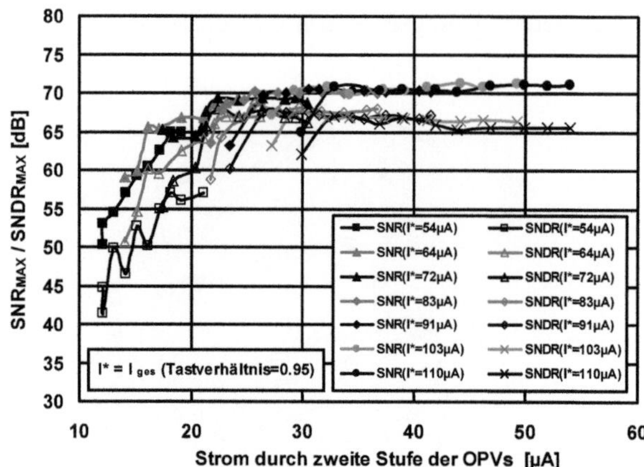

Abb. 4.11 SNR_{MAX} und $SNDR_{MAX}$ über Strom durch zweite Stufe der OPVs für unterschiedliche Gesamtstromaufnahme I_{ges} und unterschiedliches Tastverhältnis, I_{ges}=54µA, 64µA, 72µA, 83µA, 91µA, 103µA, 110µA bei Tastverhältnis=0.95, Graphen v.l.n.r, Tastverhältnis=0.5, 0.55, 0.6, 0.65, 0.7, 0.75, 0.8, 0.85, 0.9, 0.95 (Datenpunkte v.l.n.r), VDD=0.8V, f_{clk}=1.024MHz, f_{in}=2kHz, OSR=64

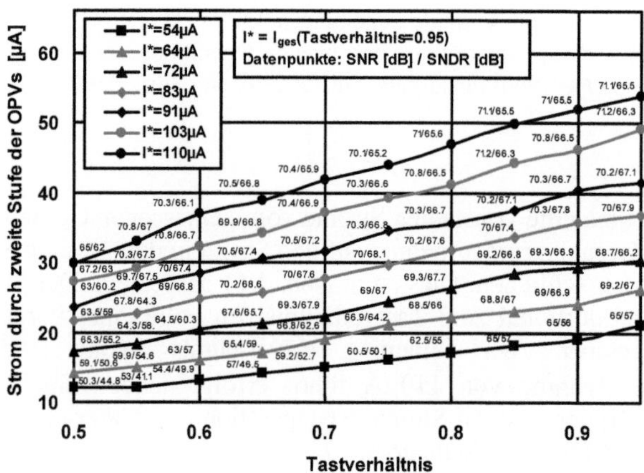

Abb. 4.12 Strom durch zweite Stufe der OPVs für unterschiedliche Tastverhältnisse und unterschiedlicher Gesamtstromaufnahme, I_{ges}=54µA, 64µA, 72µA, 83µA, 91µA, 103µA, 110µA bei Tastverhältnis=0.95 (Graphen von unten nach oben), VDD=0.8V, f_{clk}=1.024MHz, f_{in}=2kHz, OSR=64

5 Sukzessiver Approximations-Wandler

Das Prinzip der sukzessiven Approximation erlaubt es, A/D-Wandler (ADCs) mittlerer Auflösung bei mittlerer Geschwindigkeit zu realisieren. Die Ausgangsdatenrate von sukzessiven Approximations-Wandlern ist deutlich höher im Vergleich zu den im Kapitel 3 diskutierten $\Sigma\Delta$-Wandlern, da hier pro Systemtakt 1 Bit des digitalen Ausgangssignales generiert wird. Die Auflösung von sukzessiven Approximations-Wandlern ist jedoch im Vergleich zu den im Kapitel 3 gezeigten $\Sigma\Delta$-Wandlern schlechter, weil die Genauigkeit von sukzessiven Approximations-Wandlern im Gegensatz zu den überabgetasteten $\Sigma\Delta$-Wandlern direkt vom Matchingverhalten der verwendeten Komponenten abhängt.

5.1 Wandler-Architektur

5.1.1 Grundprinzip von sukzessiven Approximations-Wandlern

Sukzessive Approximations-Wandler bestehen aus einer Abtast- und Haltestufe (S&H), einem Komparator, einem sukzessivem Approximationsregister (SAR) und einem Digital/Analog-Wandler (DAC) (Abb. 5.1). Das Eingangssignal (V_{in}) wird von der Abtast- und Haltestufe abgetastet und eine bestimmte Anzahl von Takten N, die gleich der Auflösung des Wandlers ist, gehalten (V_H). Der Digital/Analog-Wandler approximiert mit seiner Ausgangsspannung V_A so gut wie möglich das abgetastete Eingangssignal V_H. Hierzu wird ein binärer Algorithmus verwendet, der folgendermaßen abläuft:

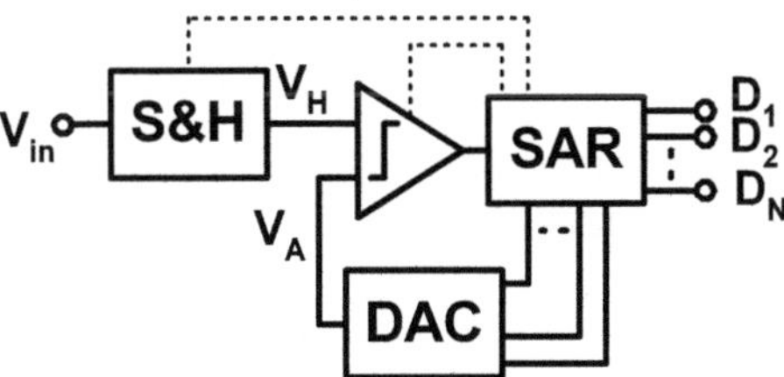

Abb. 5.1 Architektur eines sukzessiven Approximations-Wandlers

Im ersten Schritt gibt der Digital/Analog-Wandler ein analoges Ausgangssignal in der Mitte seines Wertebereiches aus. Je nachdem, ob V_H größer oder kleiner als

V_A ist, ergibt sich das höchstwertigste Bit zu „1" oder „0". Dieses wird von dem sukzessiven Approximationsregister gespeichert. Dieses Bit gibt an, ob sich der Wert von V_H oberhalb oder unterhalb der Spannung in der Mitte des Wertebereiches des D/A-Wandlers befindet. Im zweiten Schritt halbiert der D/A-Wandler den möglichen Wertebereich erneut, d.h. je nachdem ob das höchstwertigste Bit „0" oder „1" ist wird ein analoges Ausgangssignal ausgegeben, dessen Wert einem Viertel oder drei Viertel des Wertebereiches des Digital-Analog-Wandlers entspricht usw. Auf diese Weise wird der mögliche Wertebereich, innerhalb dessen V_H sich befindet, sukzessive eingeschränkt, bis dieser mit der erforderlichen Genauigkeit ermittelt worden ist. In jeder Taktphase wird ein Bit des digitalen Ausgangssignales D erzeugt.

Obwohl ein sukzessiver Approximations-Wandler für eine Auflösung von zum Beispiel 10 Bit 10 mal langsamer ist als ein Flash-Wandler, gibt es eine Reihe von Gründen für dessen Anwendung.

- Es gibt im Gegensatz zum Flash-Wandler nur einen Komparator. Die Komparator-Eingangsoffsetspannung hat daher keinen Einfluss auf die Linearität des Wandlers, sondern addiert sich linear auf das digitale Ausgangssignal. Daher kann der Komparator stets auf Geschwindigkeit optimiert werden, d.h. die Eingangsoffsetspannung des Komparators kann eine Größe von mehreren niederwertigsten Bits (LSBs: least significant bits) haben.
- Im Gegensatz zu anderen sequentiellen Architekturen wie z.B. algorithmischen A/D-Wandlern [Pla_94, Sei_94] wird kein Analogsubtrahierer benötigt.
- Die Schaltungskomplexität ist gering. Die Fläche hängt im Wesentlichen vom verwendeten D/A-Wandler ab und kann in der Regel sehr klein gehalten werden.
- Der Leistungsverbrauch ist gering im Vergleich zu anderen sequentiellen Verfahren.

Wird für den D/A-Wandler ein Feld von Kondensatoren verwendet, ergeben sich Vorteile, wenn für seine Funktion das Ladungsverteilungsprinzip verwendet wird [Cre_75, Raz_95].

5.1.2 Sukzessive Approximations-Wandler basierend auf dem Ladungsverteilungsprinzip

Abb. 5.2 zeigt das vereinfachte Blockschaltbild eines sukzessiven Approximations-Wandlers, dessen Funktion auf dem Ladungsverteilungsprinzip beruht. Im D/A-Wandler wird ein Feld von binär gewichteten Kondensatoren verwendet. Die Abtast- und Haltefunktion wird hier durch die Kombination von Schaltern mit dem Kapazitätsfeld erreicht. Eine zusätzliche Abtast- und Haltestufe entfällt daher. Ein weiterer Vorteil ist, dass die Schaltschwelle des Komparators unabhängig von dem Wert des Eingangssignales ist. Während des Approximationsprozesses liegen am Eingang V_C des Komparators positive und negative Signale bezüglich Analogmasse an, deren Amplitude sich mit der Anzahl von Approximationsschritten kontinuierlich verkleinert. Am Ende eines Wandlungszykluses, d.h. wenn höchste Genauigkeit erforderlich ist, sind beide Komparatoreingänge nahe Analogmasse.

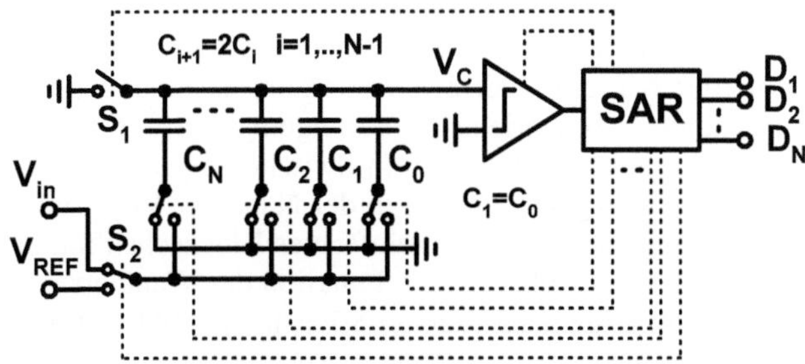

Abb. 5.2 Architektur eines sukzessiven Approximations-Wandlers basierend auf dem Ladungsverteilungsprinzip

Ein allgemeiner Nachteil dieser Architektur besteht darin, dass sich durch die Verwendung des Kapazitätsfeldes für die Haltefunktion eine Eingangskapazität des A/D-Wandlers ergibt, welche der Summe der Kapazitätswerte des verwendeten Kondensatorfeldes entspricht. Da die minimale Kapazität des Kondensatorfeldes durch technologiebedingte Parameterstreuungen bestimmt ist, führt jede Erhöhung der Auflösung des Wandlers um 1 Bit zu einer Verdopplung der Eingangskapazität des Wandlers, was zu sehr hohen Eingangskapazitäten bei großer Auflösung führt.

Um Leckströme beim Schalter S_1 zu vermeiden, muss sich Analogmasse in der Mitte zwischen der Versorgungsspannung VDD und Masse VSS befinden. Ansonsten kommt es insbesondere am Anfang des sukzessiven Approximationsvorganges, wenn relativ große Amplituden an V_C auftreten, dazu, dass die Spannung an dem Source- bzw. Draingebiet des Schalters S_1 den Versorgungsspannungsbereich über- bzw. unterschreitet. Dies kann dazu führen, dass S_1 nicht mehr geschlossen werden kann bzw. dessen normalerweise in Sperrrichtung gepolten pn-Übergänge der Source- bzw. Draingebiete in Durchlassrichtung betrieben werden.

Andererseits funktioniert bei sehr niedriger Versorgungsspannung ein Schalter nur, wenn sich die zu schaltende Spannung nahe der positiven Versorgungsspannung oder nahe Masse befindet (siehe Kapitel 2). Da diese beiden Anforderungen nicht gleichzeitig erfüllt werden können kann diese auf dem Ladungsverteilungsprinzip basierende Schaltung nicht für sehr geringe Versorgungsspannungen eingesetzt werden.

5.1.3 Modifiziertes Design für niedrigste Versorgungsspannungen

Eine weitere Betrachtung von sukzessiven Approximations-Wandlern ist dennoch sinnvoll, da für deren Funktion bei entsprechender Realisierung des D/A-Wandlers keine Operationsverstärker benötigt werden. Dies eröffnet die Möglichkeit, die minimale Versorgungsspannung eines Wandlers signifikant zu verringern, da bei Wandlern, die Operationsverstärker beinhalten, ist die minimale Versorgungsspannung in der Regel durch die Operationsverstärker bestimmt wird.

Um einen Betrieb bei sehr niedrigen Versorgungsspannungen zu gewährleisten, müssen die in Kapitel 2 beschriebenen Bedingungen erfüllt sein. Ähnlich wie in den in Kapitel 3 gezeigten Schaltungen in Switched-Opamp Technik können hier nur Spannungen geschaltet werden, die in der Nähe der Versorgungsspannung oder des Massepotentials liegen. Ein vereinfachtes Blockschaltbild einer derart modifizierten Schaltung zeigt Abb. 5.3. Die Funktion des Wandlers entspricht im wesentlichem dem Grundprinzip aus Kapitel 5.1.1, lediglich der D/A-Wandler wurde durch eine konkrete, für extrem niedrige Versorgungsspannung geeignete Schaltung ersetzt. Das Prinzip ist für die Verwendung von Versorgungsspannung und Masse als Referenzspannung dargestellt.

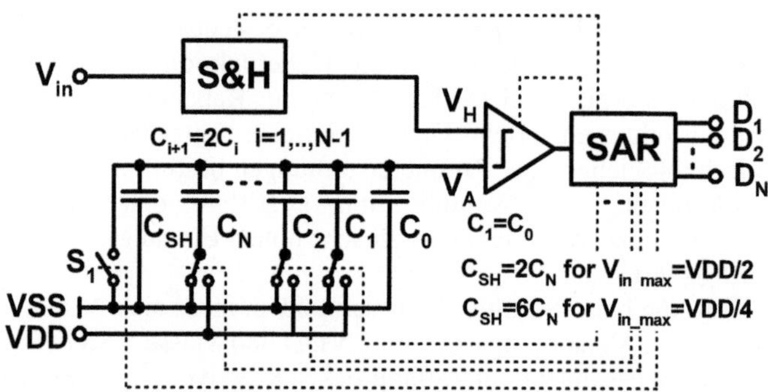

Abb. 5.3 Für extrem niedrige Versorgungsspannungen modifizierte Architektur eines sukzessiven Approximations-Wandlers

Der D/A-Wandler beinhaltet ein Feld von binär gewichteten Kondensatoren $C_1...C_N$ und einen Abschlusskondensator C_0. Die oberen Platten aller Kondensatoren sind verbunden (Knoten A), die untere Platte jedes einzelnen Kondensators kann sowohl an VSS als auch an VDD geschaltet werden. Werden in einer Initialisierungsphase alle Kondensatoren über S_1 entladen, so lässt sich nach Öffnen von S_1 am Knoten A durch Umschalten der Schalter an den unteren Platten der Kondensatoren an A jede beliebige Spannung zwischen VSS und VDD mit einer Genauigkeit von N Bit einstellen, sofern keine Shuntkapazität C_{SH} vorhanden ist. Da es bei sehr niedrigen Versorgungsspannungen nicht möglich ist, diesen gesamten Spannungsbereich im Komparator und in der Abtast- und Halteschaltung zu verarbeiten, muss der Spannungsbereich verkleinert werden. Eine Anpassung des Spannungsbereiches über Änderung der Referenzspannung wie in Kapitel 5.2.1, z.B. auf VDD/2, kann nicht erfolgen, weil eine solche Spannung nicht schaltbar ist. Daher wird die Verkleinerung dieses Spannungsbereiches durch einen kapazitiven Spannungsteiler, realisiert durch die Shuntkapazität C_{SH}, vorgenommen. Für eine Begrenzung des Spannungsbereiches des D/A-Wandlers auf VDD/2 muss C_{SH} doppelt so groß wie der größte der binär gewichteten Kondensatoren des Kondensatorfeldes C_N sein. Für eine Begrenzung des Spannungsbereiches auf VDD/4 muss C_{SH} sechs mal größer C_N sein.

Die modifizierte Architektur benötigt eine eigene Abtast- und Halteschaltung. Der Ausgang dieser Schaltung ist mit einem Eingang des Komparators verbunden, der durch das Gate eines MOSFET realisiert ist. Da dies nur eine sehr kleine Last darstellt, bietet sich die Möglichkeit einer passiven Realisierung der Abtast- und Halteschaltung. Im Gegensatz zur Schaltung gemäß Abb. 5.2 ist durch die Verwendung einer Abtast- und Halteschaltung die Eingangskapazität des Wandlers nicht mehr von der Größe der im D/A-Wandler verwendeten Kapazitäten abhängig. Dies führt zu deutlich verringerten Eingangskapazitäten.

5.2 Schaltungsbeispiel 4: Sukzessiver Approximation-Wandler für eine minimale Versorgungsspannung nahe der Transistoreinsatzspannung

Um die Funktion der modifizierten Schaltung zu verifizieren, wurde eine Testschaltung unter Verwendung der auch in Kapitel 3 und 4 verwendeten Analogschaltungsblöcke realisiert [Sau_02c, Sau_03b]. Diese Testschaltung dient vornehmlich dazu, die Schaltung zu verifizieren um die Grenzen der Machbarkeit analoger CMOS-Schaltungstechnik zu quantifizieren und Aussagen über den optimalen Spannungsbereich der neuen Schaltung machen zu können. Die maximale Taktfrequenz steht nicht im Mittelpunkt der Untersuchungen. Die verwendeten Komponenten wurden daher nicht auf Geschwindigkeit optimiert.

5.2.1 Schaltungsdesign

5.2.1.1 Kapazitätsfeld

Die Kondensatoren in Abb. 5.3 bestehen aus Vielfachen von Einheitskondensatoren einer Größe von 20fF, welche gleich der Größe des kleinsten Kondensators C_1 des Kapazitätsfeldes ist. Insgesamt werden 9 binär gewichtete Kondensatoren C_1 ... C_9 verwendet, so dass sich für C_9 ein Kapazitätswert von 5.12pF ergibt. Der Shuntkondensator C_{SH} ist mit 10.24pF so dimensioniert, dass sich ein Eingangsbereich des A/D-Wandlers zwischen VSS und VDD/2 ergibt.

Da kleine Differenzen in der Größe von C_{SH} bezogen auf die Größe der Kapazitäten des Feldes lediglich zu einem kleinen Verstärkungsfehler führen, aber keinen Einfluss auf die Linearität des Wandlers haben, wurde C_{SH} nicht als Vielfaches von Einheitskapazitäten realisiert, da dies zu einer Fläche führen würde, die so groß ist, wie die Summe aller anderen Kondensatorflächen zusammen. Daher ergibt sich für den ca. 10pF großen Kondensator C_{SH} eine Fläche, die nur halb so groß ist wie die Fläche von C_9.

Der Wandler kann in dieser Konfiguration eine Auflösung von 9 Bit erreichen. Bei sehr niedrigen Versorgungsspannungen ist der Eingangsspannungsbereich zwischen VSS und VDD/2 jedoch zu groß, um eine ordnungsgemäße Funktion von Komparator und Abtast- und Halteschaltung realisieren zu können. Der Eingangsspannungsbereich muss daher für sehr niedrige Versorgungsspannungen nochmals verkleinert werden. Festes Verbinden der unteren Platte von C_9 an VSS bewirkt praktisch eine Parallelschaltung von C_{SH} und C9, so dass ein neuer Wert für die Shuntkapazität von 15.36pF resultiert. Nun ist C_8 der größte schaltbare Kondensator des Feldes und der Wert der Shuntkapazität beträgt sechs mal C_8 (siehe Abb. 5.3), was einer weiteren Halbierung des Eingangsspannungsbereiches entspricht. In dieser Konfiguration ist lediglich eine Auflösung von 8 Bit erreichbar.

Diese beiden Konfigurationen werden hernach mit 9-bit Betriebsart und 8-bit Betriebsart bezeichnet, wobei die 9-bit Betriebsart bevorzugt verwendet wird. Nur wenn Komparator und/oder Abtast- und Haltefunktion wegen zu niedriger Versorgungsspannung nicht mehr gewährleistet werden können, wird die 8-bit Betriebsart verwendet.

Die sich aus den beiden Betriebsarten ergebenden Werte für die Kondensatorgrößen gemäß Abb. 5.3 sind in Tabelle 5.1 aufgelistet. Die binär gewichteten Kondensatoren werden im Layout durch Verdopplung des jeweils nächst kleineren Kondensators durchgeführt, um ein gutes Matching der einzelnen Kondensatoren zu erreichen.

Tabelle 5.1 Verwendete Kapazitätswerte für 9-bit und 8-bit Betriebsart

	9-bit Betriebsart	8-bit Betriebsart
C_{SH}	10.24pF	15.36pF
C_9	5.12pF	-
C_8	2.56pF	2.56pF
C_7	1.28pF	1.28pF
C_6	640fF	640fF
C_5	320fF	320fF
C_4	160fF	160fF
C_3	80fF	80fF
C_2	40fF	40fF
$C_1 = C_0$	20fF	20fF

Die Schalter im D/A-Wandler werden realisiert mit einzelnen n-MOS und p-MOS Transistoren. Eine Kompensation des Schalters durch Dummyswitches ist in der gewählten Beschaltung nicht nötig. Die Schalter der drei größten Kondensatoren im Feld sind proportional zu der zu schaltenden kapazitiven Last skaliert, um ähnliche Einschwingzeitkonstanten und damit ein gleichmäßiges Einschwingen zu erreichen.

5.2.1.2 Abtast- und Halteschaltung

Ein vereinfachtes Blockschaltbild der Abtast- und Halteschaltung zeigt Abb. 5.4. Das Eingangstaktsignal f_s wird vom sukzessiven Approximationsregister zur Verfügung gestellt. Es dient dem Abtasten des analogen Eingangssignals entsprechend der Datenrate des Wandlers.

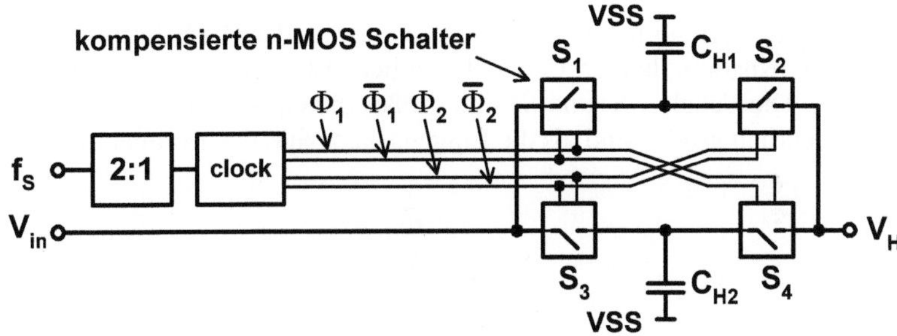

Abb. 5.4 Blockschaltbild der vereinfachten Abtast- und Halteschaltung

Die Abtastung erfolgt mit einer Frequenz, die eine Größenordnung kleiner als die Frequenz der anderen Komponenten des Wandlers ist, da erst nach vollständiger sukzessiver Wandlung aller Bits eine neue Eingangsprobe abgetastet werden muss. Um die Anforderungen an das Einschwingverhalten weiter zu verringern werden zwei Haltekondensatoren C_{H1} und C_{H2} verwendet, welche abwechselnd in Abtast- und Haltebetriebsart arbeiten. So ist es möglich, durch Verlängerung der zur Verfügung stehenden Einschwingzeit selbst bei einem großen ohmschen Widerstand der Schalter bei hohen Eingangsspannungen ein vollständiges Einschwingen zu erreichen.

Zur Aufteilung des analogen Eingangssignales in zwei Zweige wird die Frequenz des Eingangstaktsignales f_s in einem digitalen Frequenzteiler halbiert. Aus diesem Signal werden in einem Taktgenerator „clock" ein nichtüberlappender Zwei-Phasentakt und entsprechende invertierte Signale erzeugt. Die verwendete Schaltung ist in Abb. 5.5 dargestellt.

Durch die Schaltung ist sichergestellt, dass zwischen beiden Taktphasen stets eine „Aus"-Phase von mehreren Gatterlaufzeiten vorhanden ist. Dadurch ist sicher gestellt, dass es auch unter Berücksichtigung eines nicht idealen Schaltungsverhaltens bedingt durch Transistor-Mismatch, parasitäre Größen oder unterschiedliche Lasten sowohl an den nicht-invertierenden als auch an den invertierenden Ausgängen nicht zu einer Taktüberlappung kommen kann.

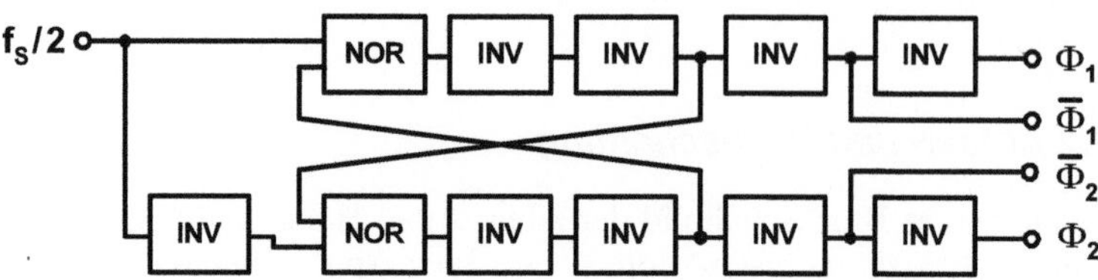

Abb. 5.5 Schaltung zur Taktgenerierung der Abtast- und Halteschaltung

Als Schalter werden n-MOS Transistoren verwendet, die beidseitig mit n-MOS Dummy-Transistoren halber Größe bezüglich Taktdurchgriff kompensiert sind (Abb. 5.6). Die Schalter S_1 und S_3 sind größer dimensioniert als S_2 und S_4, da C_{H1} bzw. C_{H2} deutlich größer sind als die Eingangskapazität des Komparators.

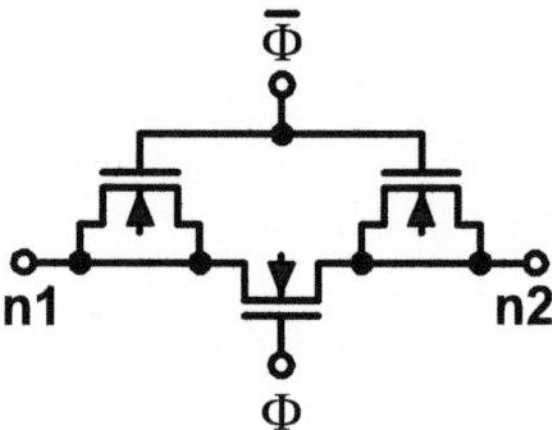

Abb. 5.6 In der Abtast- und Halteschaltung verwendeter beidseitig n-MOS kompensierter n-MOS Schalter

Bei dem realisierten Testchip sind die Haltekondensatoren nicht auf dem Chip integriert. Dies schafft einerseits mehr Flexibilität bei der Charakterisierung, andererseits ist mit großer Empfindlichkeit gegenüber kapazitiv gekoppelten Störungen zu rechnen, die beim Messaufbau und der Charakterisierung berücksichtigt werden müssen.

5.2.1.3 Komparator

Für den Komparator (Abb. 5.7) wird wiederum eine rücksetzbare regenerative Schaltung verwendet. Ein Eingangsstrom I_{bias} von ca. 0.1...0.2μA je nach Versorgungsspannung wird über einen externen Widerstand generiert. Dieser Strom wird gespiegelt und liefert den resultierenden Biasstrom für das Eingangsdifferenzpaar des Komparators von ca. 0.3...1μA. Der Eingangsspannungsbereich des Komparators liegt zwischen 0V und VDD/2 bzw. 0V und VDD/4, je nachdem ob die 8-bit oder die 9-bit Betriebsart verwendet wird. Bei hohen Eingangsspannungen bei gleichzeitig niedrigen Versorgungsspannungen arbeiten die Eingangstransistoren in schwacher Inversion. Da die Eingangsstufe jedoch nur eine sehr kleine kapazitive Last treiben muss, werden auch unter diesen Bedingungen noch akzeptable Abtastraten erzielt (vgl. Abb. 5.16).

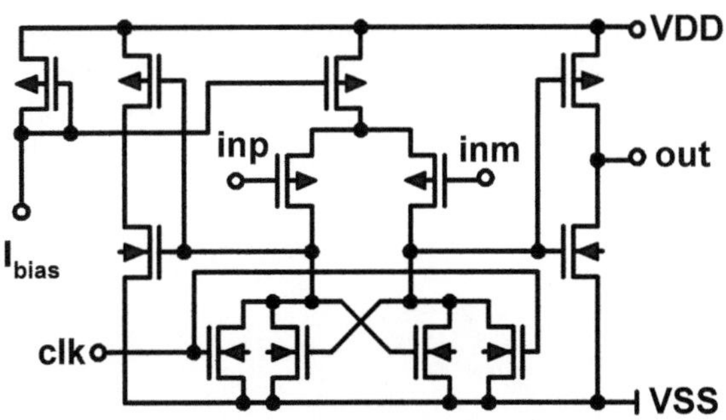

Abb. 5.7 Komparator

Um den Einfluss des durch den Komparator generierten Kickback-Rauschens zu verringern, liegt zwischen dem Ausgang des D/A-Wandlers und dem zugehörigen Komparatoreingang ein stets geschlossen Schalter, der gleich den Schaltern S2 und S4 in Abb. 5.4 dimensioniert ist. Auf diese Weise wird erreicht, dass beide Komparatoreingänge den gleichen Eingangswiderstand haben. Eine durch Kickback-Rauschen an den Eingängen des Komparator eingekoppelte Ladung bewirkt an beiden Eingängen ein gleich großes Störsignal. Dieses Gleichtaktstörsignal bedingt keinen differentiellen Fehler.

5.2.1.4 Sukzessives Approximationsregister

Das sukzessive Approximationsregister hat die Aufgabe, den D/A-Wandler, den Komparator und die Abtast- und Halteschaltung zu steuern. Es muss zu Beginn der Umsetzung den Abtast- und Haltevorgang auslösen. Anschließend muss sukzessive jeweils ein bestimmter Wert im D/A-Wandler ausgegeben, ein Vergleich im Komparator ausgelöst, das Ergebnis des Vergleiches gespeichert und in Abhängigkeit dieses Ergebnisses der nächste Wert im D/A-Wandler ausgegeben werden, usw. Hierzu wird ein Zeiger verwendet, der alle Bitpositionen fortlaufend abfragt. Am Ende eines solchen Zyklus muss das digitale Ausgangssignal einem Ausgangsbuffer übergeben werden, der das Signal so lange hält, bis ein neuer Wert approximiert worden ist.

Das sukzessive Approximationsregister ist wie alle digitalen Schaltungsteile in statischer CMOS Logik realisiert. Es wird von einem externen Taktsignal gesteuert.

5.2.2 Messergebnisse

Der A/D-Wandler wurde in einer 0.18 µm, Single-Poly, n-Wannen CMOS Technologie mit vier Metalllagen und einer MIMCAP-Prozessoption gefertigt. Die Einsatzspannung der verwendeten Standardtransistoren beträgt 0.43V für den n-MOS Transistor und -0.38V für den p-MOS Transistor. Abb. 5.8 zeigt ein Chipfoto des realisierten Wandlers. Die Chipfläche wird hauptsächlich bestimmt durch die Größe des Kapazitätsfeldes. Die Fläche der Testschaltung beträgt 0.11mm^2.

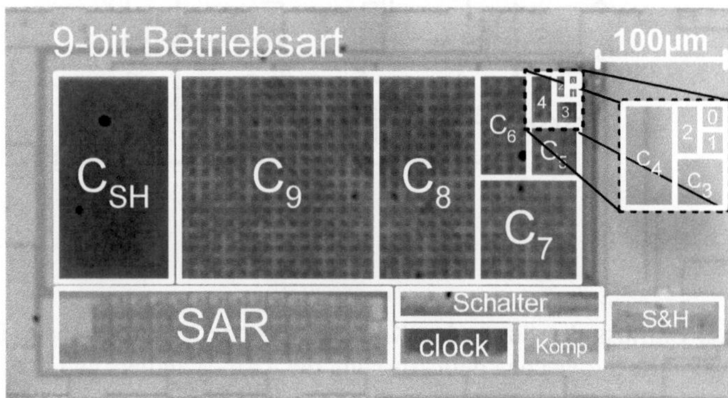

Abb. 5.8 Chipfoto des sukzessiven Approximations-Wandlers

5.2.2.1 Statische Messungen

Wichtige statische Kenngrößen in A/D-Wandlern sind die integrale Nichtlinearität (INL: integral non-linearity) und die differentielle Nichtlinearität (DNL: differential non-linearity). Die integrale Nichtlinearität gibt hierbei einen absoluten Fehler im Vergleich zur idealen Übertragungskennlinie des Wandlers bezogen auf das niederwertigste Bit des Wandlers an. Die differentielle Nichtlinearität beschreibt die relative Abweichung der Schrittgröße zweier analoger Eingangssignale, die im Wandler genau eine Änderung von einem LSB hervorrufen, in Bezug auf das niederwertigste Bit des Wandlers.

Abb. 5.9 zeigt eine typische Messung der integralen und der differentiellen Nichtlinearität. Die Messung erfolgt bei einer Versorgungsspannung von 1V. Der Graph der integralen Nichtlinearität zeigt eine charakteristischen Verlauf, der von der Streuung der Kapazitätswerte bestimmt wird.

Die Messung erfolgt in 9-Bit Betriebsart. In 8-Bit Betriebsart werden nur die untersten 256 Ausgangscodes verwendet. Die Nichtlinearität entspricht in diesem Fall gleich den Codes 1...256 aus Abb. 5.9, wobei zu beachten ist, dass sich die Skalierung von ±1 LSB in diesem Fall auf 1 LSB von 8 Bit bezieht, welches eine Verdoppelung des absoluten Fehlers bedeutet.

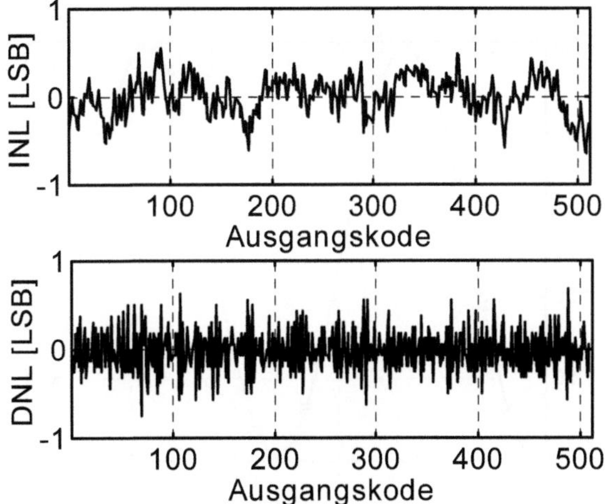

Abb. 5.9 Integrale und differentielle Nichtlinearität in 9-bit Betriebsart

5.2.2.2 Dynamische Messungen

Abb. 5.10 zeigt das Ausgangssignal des Wandlers bei sinusförmigem Eingangssignal einer Frequenz von 200Hz bei einer Versorgungsspannung von 0.5V. Bei der dargestellten 8-bit Betriebsart kann am Eingang eine Versorgungsspannung zwischen VSS von VDD/4 verarbeitet werden (siehe Kapitel 5.1.3). Das anliegende sinusförmige Eingangssignal hat daher einen Spitze-Spitze-Wert V_{in_pp} von 125mV bei einer Offsetspannung V_{in_offset} von 62.5mV. Der Wandler wird mit einer Abtastrate f_s von 4.1kS/s betrieben.

Das zu diesem Signal korrespondierende Spektrum (Abb. 5.11) zeigt nur geringe Verzerrungen, die bei ca. −60dB liegen.

Wichtige Kenngrößen zur dynamischen Charakterisierung dieses Wandlertyps sind das Verhältnis von Signal zur Summe von Rauschen und Verzerrungen (SNDR) und das Signal-Rauschverhältnis (SNR). Da die Messung gezeigt hat, dass der Wandler nur sehr geringe Verzerrungen aufweist, d.h. die Messergebnisse von SNDR und SNR sehr ähnlich sind, werden hier nur die Verzerrungen beinhaltenden SNDR-Werte grafisch dargestellt.

Abb. 5.12 zeigt das SNDR als Funktion der Eingangsfrequenz bei einer Versorgungsspannung von 0.5V bei einer Abtastrate von 4.1kS/s. Die Grafik ist parametrisiert für Eingangsamplituden von 0dB, -3dB, -6dB, -10dB, -20dB, -30dB und -40dB bezogen auf Maximalaussteuerung. Der Wandler erreicht bei dieser Versorgungsspannung ein maximales SNDR von 43.3dB.

Abb. 5.13 zeigt die gleiche Messung bei einer Versorgungsspannung von 1V. Das erreichbare SNDR beträgt hier 51.2dB.

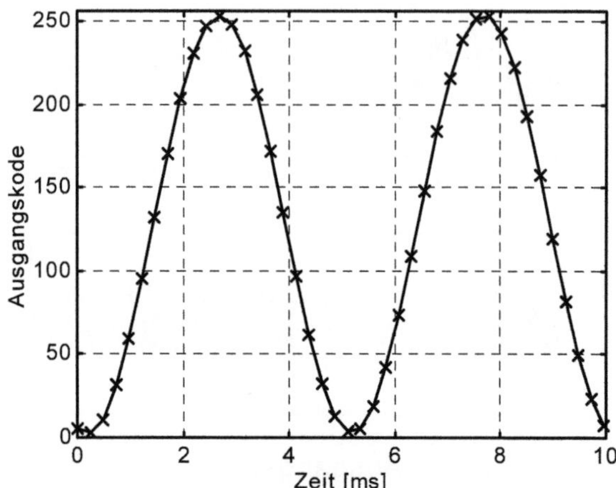

Abb. 5.10 ADC Ausgangssignal bei VDD=0.5V und sinusförmigem 200Hz Eingangssignal bei einer Abtastrate von 4.1kS/s in 8-bit Betriebsart (V_{in_pp}=125mV, V_{in_offset}=62.5mV, C_H=47pF)

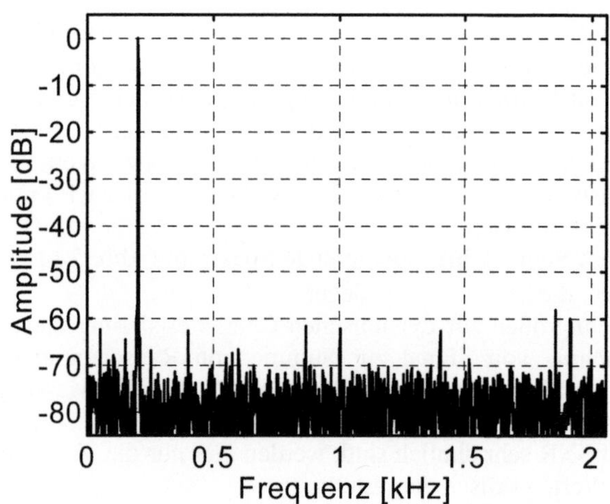

Abb. 5.11 Spektrum des ADC Ausgangssignales bei VDD=0.5V und sinusförmigem 200Hz Eingangssignal bei einer Abtastrate von 4.1kS/s in 8-bit Betriebsart (V_{in_pp}=125mV, V_{in_offset}=62.5mV, C_H=47pF)

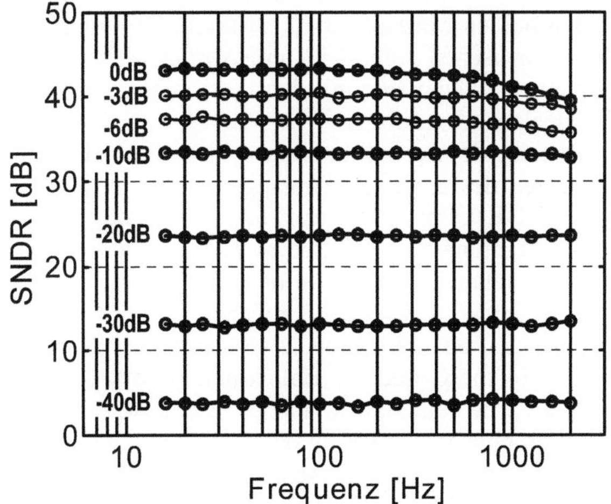

Abb. 5.12 SNDR als Funktion der Eingangsfrequenz bei VDD=0.5V, f_s=4.1kS/s, V_{in}=0dB, -3dB, -6dB, -10dB, -20dB, -30dB, -40dB bezogen auf Vollaussteuerung (8-bit Betriebsart, C_H=47pF)

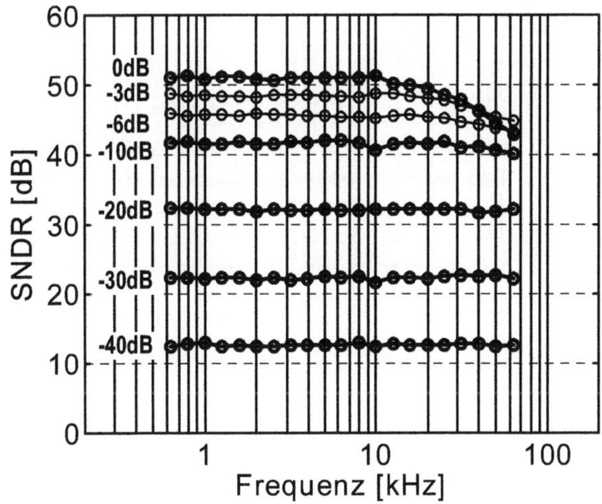

Abb. 5.13 SNDR als Funktion der Eingangsfrequenz bei VDD=1V, f_s=150kS/s, V_{in}=0dB, -3dB, -6dB, -10dB, -20dB, -30dB, -40dB bezogen auf Vollaussteuerung (9-bit Betriebsart, C_H=47pF)

Der Unterschied in der erreichbaren Auflösung von Abb. 5.12 und Abb. 5.13 beruht einerseits darauf, dass die beiden Messungen mit 8- und 9-bit Betriebsart korrespondieren. Durch die Auflösungsdifferenz von einem Bit ist eine Differenz von 6.02dB bei den beiden Messungen zu erwarten. Der etwas höhere Wert von 7.9dB der Differenz zwischen Abb. 5.12 und Abb. 5.13 ist auf die Wechselwirkung von Schaltungsnichtidealitäten mit den in 8-bit Betriebsart nur halb so großen Signalamplituden zurückzuführen.

In Abb. 5.13 ist außerdem ersichtlich, dass es bei hohen Eingangsamplituden bei großen Frequenzen des analogen Eingangssignales zu einer deutlichen Verschlechterung des SNDR kommt. Dieser Effekt wird durch parasitäre kapazitive Kopplungen der Verdrahtung zu den externen Haltekondensatoren hervorgerufen. Um den hierdurch entstehenden Fehler zu begrenzen werden relativ große Haltekondensatoren mit einem Wert von 47pF verwendet.

Um die Auswirkungen auf das Frequenzverhalten des Wandlers zu verdeutlichen wird in Abb. 5.14 die Größe des Haltekondensators auf 5pF verringert. Im Vergleich zu Abb. 5.12, wo ein Haltekondensator einer Größe von 47pF verwendet wurde, ist deutlich eine Verringerung des SNDR bei hohen Frequenzen zu erkennen. Da dieses kapazitive Übersprechen bei niedrigen Frequenzen vernachlässigbar ist, kann durch Verringern der Haltekondensatorgröße messtechnisch ermittelt werden, wie groß der Haltekondensator in integrierter Form sein müsste, um in Kombination mit dem verwendeten Komparator keinen signifikanten Fehler durch Kickback-Rauschen zu erzeugen. Hierzu wird die Größe der externen Haltekondensatoren im Messaufbau variiert.

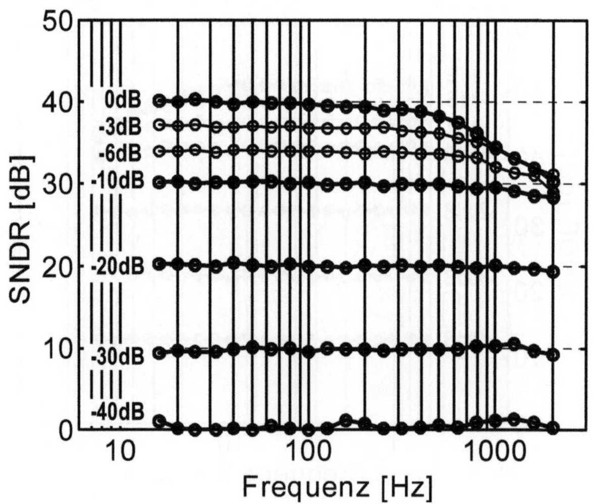

Abb. 5.14 SNDR als Funktion der Eingangsfrequenz bei VDD=0.5V, f_s=4.1kS/s, V_{in}=0dB, -3dB, -6dB, -10dB, -20dB, -30dB, -40dB bezogen auf Vollaussteuerung (8-bit Betriebsart, C_H=5pF)

Abb. 5.15 zeigt das gemessene maximale SNR und SNDR als Funktion der Größe des Haltekondensators in 8-bit Betriebsart und in 9-bit Betriebsart. Die Messung zeigt, dass es bei einem Kapazitätswert zwischen 2pF und 5pF zu einer Verschlechterung des SNDR um 3dB kommt. Ein Kapazitätswert von 5pF, der ca.
eine Größenordnung kleiner ist als der in der Messung verwendete Wert von
47pF, ist also durchaus ausreichend für den Haltekondensator. Ein solcher Wert
kann auch gut in integrierter Form realisiert werden.

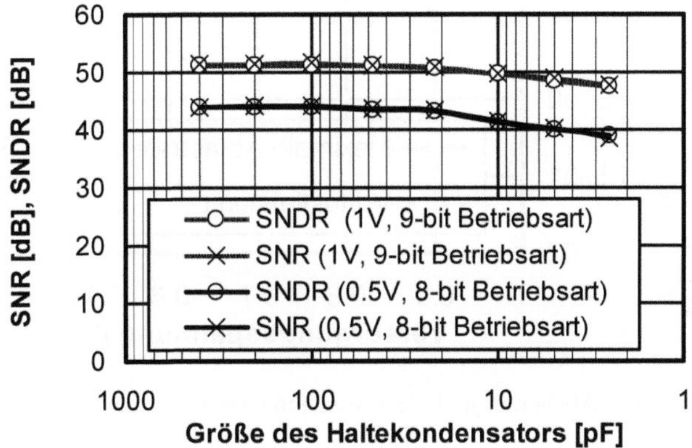

Abb. 5.15 Erreichbares SNR und SNDR als Funktion der Größe des Haltekondensators in
8- und 9-bit Betriebsart bei VDD=0.5/1V, f_s=4.1/150kS/s, V_{in}=0dB (C_H=47pF)

Dieser Wert stimmt gut mit Simulationsergebnissen überein. Gemäß diesen
Simulationen wird für die verwendeten Komponenten eine Verschlechterung des
SNDR um 3dB bei einem Haltskondensator von 3.6pF erwartet.
Der Betriebsbereich der meisten in den analogen Schaltungsteilen verwendeten
Transistoren reicht je nach Betriebsspannung vom Bereich starker Inversion Bereich bis in den Bereich schwacher Inversion. Die erreichbare maximale Abtastrate des Wandlers ist daher stark von der verwendeten Versorgungsspannung abhängig.
Abb. 5.16 zeigt die maximale Abtastrate und die dabei auftretende Verlustleistung des Wandlers als Funktion der Versorgungsspannung. Die maximale Abtastrate verringert sich moderat von 150kS/s bis 34kS/s bei Versorgungsspannungen
zwischen 1V und 0.6V. Im Versorgungsspannungsbereich von 0.6V bis 0.4V
kommt es zu einer stärkeren Abnahme der maximalen Abtastrate bei sinkender
Versorgungsspannung. Die Verlustleistung fällt hierbei relativ gleichmäßig von
30μW bei einer Versorgungsspannung von 1V auf 0.28μW bei der minimalen
Versorgungsspannung von 0.4V.
Das gemessene SNDR als Funktion der Versorgungsspannung in 8-bit und 9-bit
Betriebsart ist in Abb. 5.17 gezeigt. Befriedigende SNDR-Werte werden in 9-bit
Betriebsart bis zu einer Versorgungsspannung von minimal 0.6V erreicht. In 8-bit
Betriebsart zeigt die Schaltung bis zu einer Versorgungsspannung von 400mV

korrekte Funktionalität. Hier wird bei einer Abtastrate von 0.6kS/s ein SNDR von 38.9dB erreicht.

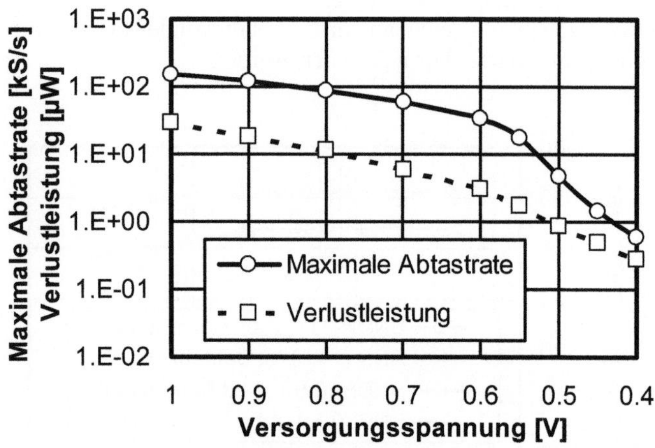

Abb. 5.16 Maximale Abtastrate und Verlustleistung als Funktion der Versorgungsspannung

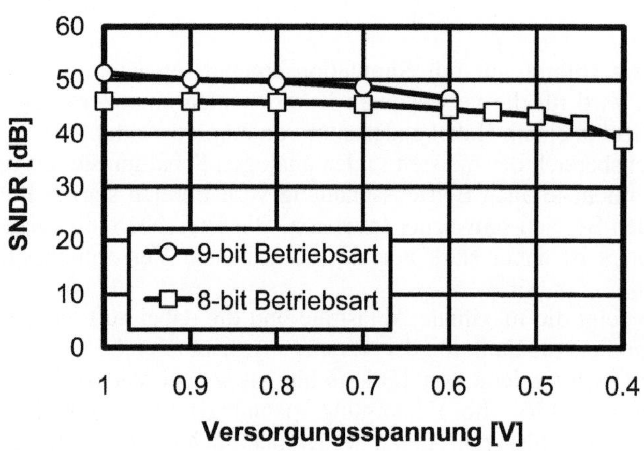

Abb. 5.17 Maximal erreichbares SNDR als Funktion der Versorgungsspannung in 8-bit und 9-bit Betriebsart (C_H=47pF)

In Tabelle 5.2 sind zu Versorgungsspannungen von 0.4V, 0.5V, 0.6V und 1V wichtige Kenngrößen des Wandlers zusammengestellt.

Tabelle 5.2 Messwerte bei verschiedenen Versorgungsspannungen und wichtige Kenngrößen des Wandlers

Versorgungsspannung	1V	0.6V	0.5V	0.4V
Abtastrate	150kS/s	34kS/s	4.1kS/s	0.6kS/s
Eingangsamplitude (Spitze-Spitze)	0.5V*	0.3V*	0.125V**	0.1V**
SNR	51.6dB*	47.4dB*	43.6dB**	39.2dB**
ENOB	8.28*	7.58*	6.95**	6.21**
SNDR	51.2dB*	46.5dB*	43.3dB**	38.9dB**
Leistungsaufnahme	30µW	3.12µW	0.85µW	0.28µW
Technologie	0.18µm CMOS, $V_{Tn} = 0.43V$, $V_{Tp} = -0.38V$ 1Poly, 4 Metallebenen und MIMCAP-Option verwendet			
Fläche ADC	$0.45mm \times 0.24mm = 0.11mm^2$			
Fläche S&H (ohne C_{H1}, C_{H2})	$0.085mm \times 0.02mm = 0.002mm^2$			

*9-bit Betriebsart   **8-bit Betriebsart

Die effektive Anzahl von Bits (ENOB: effective number of bits) ergibt sich aus [Raz_95][1]:

$$ENOB = \frac{SNDR[dB] - 1.78dB}{6.02dB} \qquad (5.1)$$

Zur Berechnung einer „Figure-of-Merit" wird hier ähnlich wie in Kapitel 3.9 folgende Formel verwendet:

$$FOM = \frac{Auflösung \times Bandbreite}{Verlustleistung \times Fläche} = \frac{10^{\frac{SNDR[dB] - 1.78dB}{20}} \times Abtastrate / 2}{P \times A} \qquad (5.2)$$

Abb. 5.18 zeigt die "Figure-of-Merit" als Funktion der Versorgungsspannung für 8-bit und 9-bit Betriebsart. Beide Graphen zeigen ein deutliches lokales Maximum im Bereich zwischen 0.55V und 0.8V. In diesem Bereich arbeitet der Wandler am effektivsten. Dieser Spannungsbereich ist einem Verhältnis von Versorgungsspannung zur Einsatzspannung zwischen 1.4 und 2 äquivalent.

Die in Kapitel 3 gezeigten ΣΔ-Modulatoren weisen den größten FOM-Wert bei der minimalen Spannung auf, bei der noch eine zufrieden stellende Modulatorfunktion gewährleistet ist. Dies entspricht je nach Modulator einem Verhältnis zwischen Versorgungsspannung und Einsatzspannung zwischen 1.625 und 1.75. Unterhalb dieser Maxima kommt es zu einer schnellen Verschlechterung des

---

[1] In Abhängigkeit von der Anwendung ist es teilweise auch üblich, die effektive Anzahl von Bits aus dem SNR zu berechnen [Pla_94].

FOM-Wertes, da hier die Auflösung stark abnimmt. Bei einem Verhältnis von Versorgungsspannung zu Einsatzspannung kleiner als 1.5 kommt es zum Funktionsausfall der Schaltungen.

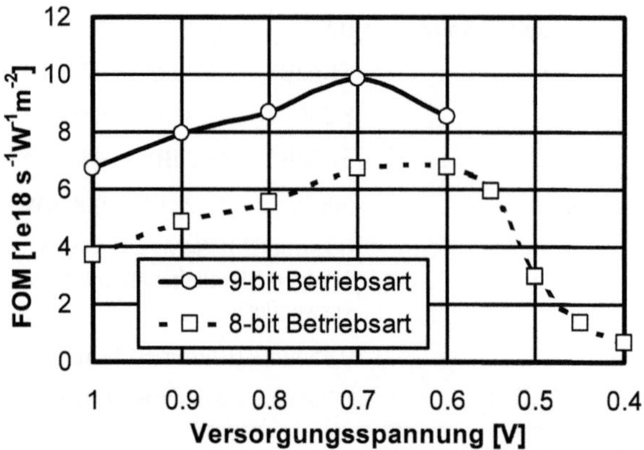

Abb. 5.18 "Figure-of-Merit" als Funktion der Versorgungsspannung für 8-bit und 9-bit Betriebsart (C_H=47pF)

Der minimale Wert des Quotienten aus Versorgungsspannung und Einsatzspannung von 1 bei dem in diesen Kapitel diskutierten sukzessiven Approximations-Wandler ist bedeutend kleiner im Vergleich zu den untersuchten $\Sigma\Delta$-Wandlern. Dieser Wert wird hier insbesondere durch die Vermeidung von Operationsverstärkern erreicht.

Abb. 5.19 zeigt SNR und SNDR bei niedrigen Eingangssignalfrequenzen als Funktion der Abtastrate bei einer Versorgungsspannung von 1V und 0.5V. Betrachtet man die erreichbare Auflösung des Wandlers als Funktion der Abtastrate stellt man fest, dass sich die Auflösung mit steigender Abtastrate nicht verschlechtert. Dies lässt den Schluss zu, dass die maximale Abtastfrequenz des Wandlers in unserem Fall durch die digitalen Schaltungsteile bestimmt wird.

Die Betrachtung eines Zeitsignales für eine Abtastrate oberhalb der maximalen Abtastrate bestätigt diese Vermutung. Abb. 5.20 zeigt das A/D-Wandler-Ausgangssignal bei einer Versorgungsspannung von 1V in 9-bit Betriebsart mit einer Abtastrate von 235kS/s bei sinusförmigem Eingangssignal. Das Auftreten von Fehlern ist nicht abhängig vom aktuellen Wert der anliegenden analogen Eingangsspannung. Das Fehlerbild lässt vermuten, dass der Approximationsvorgang durch Fehlfunktionen in den digitalen Schaltungsteilen vorzeitig abgebrochen wird.

Zusammenfassend kann gesagt werden, dass es gelungen ist, eine für extrem niedrige Versorgungsspannung angepasste Wandlerstruktur zu entwickeln. Unter Verwendung von Standardtransistoren und ohne Verwendung von Spannungsüberhöhungstechniken wird eine minimale Versorgungsspannung von 0.4V erreicht. Diese Spannung ist annähernd gleich der Einsatzspannung der verwendeten Transistoren.

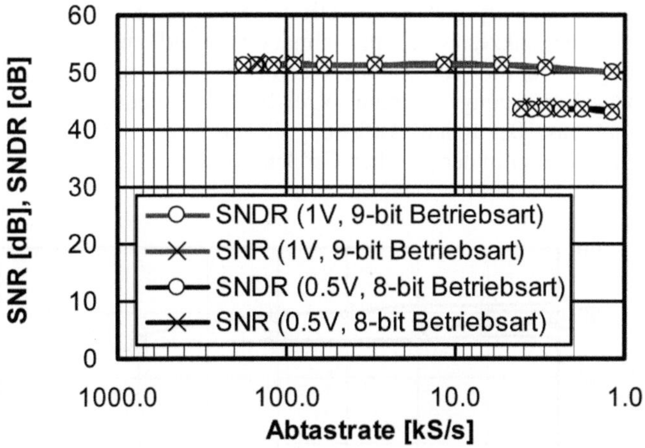

Abb. 5.19 SNR und SNDR bei niedrigen Eingangssignalfrequenzen als Funktion der Abtastrate bei einer Versorgungsspannung von 0.5V und 1V in 8- bzw. 9-bit Betriebsart $(C_H=47pF)$

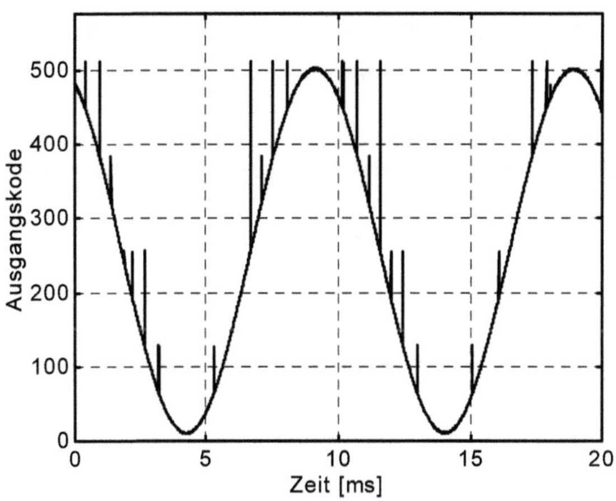

Abb. 5.20 Ausgangssignal bei VDD=1V und sinusförmigem 100Hz Eingangssignal bei einer Abtastrate von 235kS/s in 9-bit Betriebsart $(V_{in\_pp}=500mV$, $V_{in\_offset}=250mV$, $C_H=47pF)$

5.3 Vergleich zu anderen auf dem sukzessiven Approximationsprinzip basierenden A/D-Wandlern

Abb. 5.21 zeigt einen Vergleich des SNDR des beschriebenen Wandlers mit anderen veröffentlichten sukzessiven Approximations-Wandlern für niedrige Versorgungsspannungen. Der hier vorgestellte Wandler zeichnet sich insbesondere durch den sehr großen Versorgungsspannungsbereich und die niedrige minimale Versorgungsspannung aus. Bezüglich Auflösung liegen alle in Abb. 5.21 gezeigten Wandler prinzipbedingt in der gleichen Größenordnung.

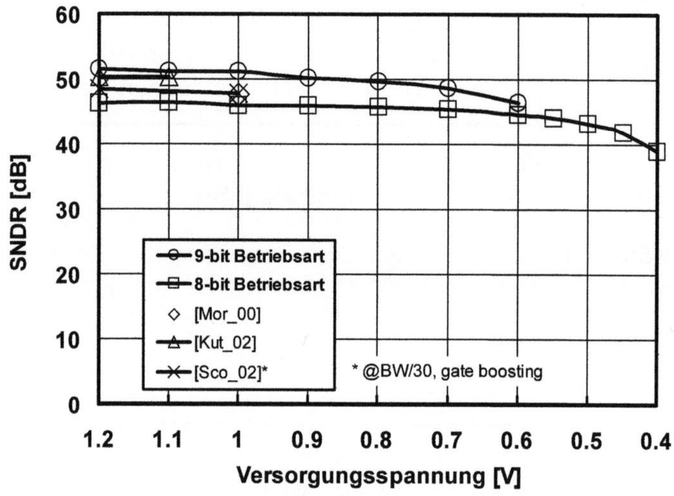

Abb. 5.21 SNDR als Funktion der Versorgungsspannung für sukzessive Approximations-Wandler bei Betrieb mit niedriger Versorgungsspannung

5.4 Vergleich zu anderen Wandlerarchitekturen

In Tabelle 5.3 sind wichtige Parameter der in Abb. 5.21 gezeigten Wandler zusammengefasst. Die Tabelle berücksichtigt außerdem andere veröffentlichte A/D-Wandler in diesem Versorgungsspannungsbereich, welche nicht in die bereits in Tabelle 3.6 gezeigte Kategorie der $\Sigma\Delta$ Wandler fallen. Es handelt sich hierbei um Flash-Wandler, einen Pipelined-Wandler und einen „Extended conversion"-Wandler. Bei letzterem wenig bekannten Wandlerprinzip handelt es sich um eine Kombination aus $\Sigma\Delta$ Wandlers 1. Ordnung und sukzessivem Approximations-Wandler.

Tabelle 5.3 Vergleich zu anderen Wandlerarchitekturen

Reference	Typ	VDD [V]	SNR [dB]	SNDR [dB]	BW [kHz]	P [μW]	A [mm^2]	FOM [10^{18}s^{-1} W^{-1}m^{-2}]
[this work] **	Succ. Appr.	0.4	39.2	38.9	0.3	0.28	0.11 ***	0.69
[this work] *	Succ. Appr.	0.7	49	48.7	29.5	6.02	0.11 ***	9.81
[Lin_02]	Flash	0.8	-	33	11000	480	0.3	2.78
[Lin_02]	Flash	1	-	35	12500	?	0.3	?
[Mor_00]	Succ. Appr.	1	-	47.6	25	340	3.24 ****	0.0088
[this work] *	Succ. Appr.	1	51.6	51.2	75	30	0.11 ***	7.04
[Son_00]	Flash	1	-	33.5	25000	10000	4.8	0.02
[Ter_00]	Flash	1	-	33	50000	8000	20	0.011
[Wal_01]	Pipe-lined	1	-	50	2500	1600	1.3	0.31
[Sco_02]	Succ. Appr.	1	-	47.8... 28.8	1.67 ...50	3.1	0.053	2.39... 8.38
[Kut_02]	Succ. Appr.	≥1.08	50	50	10000	10800	0.08	2.98
[Rom_01]	Ext. Conv.	1.2	82	80	8	150	1.3	0.33

*9-bit Betriebsart
**8-bit Betriebsart
***=Fläche ohne Haltekapazitäten (mit Haltekapazitäten ca. 10% größere Fläche)
****=Abtast- und Halteschaltung auf separatem Chip

Bei den in der Literatur veröffentlichten Werten von sukzessiven Approximations-Wandlern und Flash-Wandlern wird meist nur ein Wert, SNR oder SNDR, angegeben, da diese Werte prinzipbedingt sehr ähnlich sind. Ebenfalls prinzipbedingt ist hier, dass die erreichbare Auflösung nahezu unabhängig von der Frequenz des Eingangssignales ist. Lediglich bei ungenügender Funktion der Abtast- und Halteschaltung sind hier eine Frequenzabhängigkeit und/oder Verzerrungen zu erwarten. Eine starke Abhängigkeit der Auflösung von der Eingangsfrequenz tritt aus diesem Grund bei [Sco_02] auf. Hier kommt es annähernd zu einer Halbierung des SNDR bei Betrieb mit einer Eingangsgleichspannung (49.3dB) und einem Signal maximaler Eingangsfrequenz (28.8dB).

Die Berechnung der „Figure-of-Merit" in Tabelle 5.3 erfolgt wieder mit Gleichung (5.2).

Im Vergleich zu den veröffentlichten Daten zeichnet sich der beschriebene sukzessive Approximations-Wandler insbesondere durch eine sehr hohe „Figure-of-Merit" und eine extrem niedrige minimale Versorgungsspannung aus.

6 Zusammenfassung

In der vorliegenden Arbeit werden verschiedene A/D-Wandler in CMOS-Schaltungstechnik vorgestellt, welche für den Betrieb bei sehr niedrigen Versorgungsspannungen geeignet sind. Schwerpunkt beim Entwurf ist neben sehr geringer Versorgungsspannung eine große Unempfindlichkeit gegenüber Schwankungen der Versorgungsspannung, um z.B. einen Betrieb mit einer einzelnen unstabilisierten Batteriezelle zu ermöglichen. Alle Schaltungen arbeiten mit Standard-Digitaltransistoren. Es werden keine Schaltungstechniken verwendet, welche auf lokalen Spannungsüberhöhungen beruhen.

Sprachband $\Sigma\Delta$-Modulatoren sind in drei verschiedenen Topologien realisiert. Die Funktion der Schaltungen bei sehr niedrigen Versorgungsspannungen wird durch Kombination geeigneter Analogschaltungen in Verbindung mit Switched-Opamp Technik, Gleichspannungspegelverschiebung und sorgfältiger Skalierung gewährleistet. Die Messung der Modulatoren erfolgt im Versorgungsspannungsbereich zwischen 0.6V und 1.5V. Der Modulator 2. Ordnung und der kaskadierte Modulator 3. Ordnung arbeiten ab einer Versorgungsspannung von 0.65V stabil. Beim nichtkaskadierten Modulator 3. Ordnung, welcher eine empfindlichere Systemfunktion besitzt, setzt die volle Funktion bei 0.725V ein. Die erreichte SNDR bei einer Bandbreite von 16kHz beträgt beispielsweise für den kaskadierten Modulator 3. Ordnung bei 0.65V Versorgungsspannung 58.5 dB und bei 1V Versorgungsspannung 65.5dB, bei einer Leistungsaufnahme von 62μW bzw. 180μW.

Der Modulator 2. Ordnung ist außerdem als MOSFET-only Variante realisiert. Hierbei werden alle Kondensatoren durch kompensierte „Depletion-mode"-MOSCAPs ersetzt. Hier wird beispielsweise bei einer Versorgungsspannung von 0.7V und einer Bandbreite von 8KHz ein SNDR von 67dB bei einer Leistungsaufnahme von 80μW erreicht. Im Vergleich zur MIMCAP Variante wird hier die gleiche Auflösung bei ca. 15% verringertem Flächenverbrauch erzielt.

In Hinblick auf Low-Power-Anwendungen wird ein neues Verfahren zur Verringerung der Leistungsaufnahme von Switched-Opamp Schaltungen vorgestellt und dessen Funktion anhand von Messungen demonstriert. Das Verfahren nutzt die Schaltmöglichkeit der Operationsverstärker in Switched-Opamp Schaltungen aus. Es ist ebenfalls anwendbar, wenn Switched-Opamp Schaltungen für unterschiedliche Aufgaben mit verschiedenen Taktraten eingesetzt werden sollen.

Zusätzlich zu den auf den $\Sigma\Delta$-Prinzip beruhenden Ansätzen wird ein sukzessiver Approximations-Wandler vorgestellt, dessen Topologie für den Betrieb mit extrem niedrigen Versorgungsspannungen modifiziert wurde. Die Schaltung erreicht bei einer Versorgungsspannung von 1V und einer Samplingrate von 150kS/s ein SNDR von 51.2dB. Die Schaltung funktioniert bis zu einer minimalen

Versorgungspannung von 0.4V, welche etwa gleich der Einsatzspannung der Transistoren ist und erreicht hier ein SNDR von 38.9dB bei einer Samplingrate von 0.6kS/s. Der mit dieser Spannung korrespondierende Leistungsverbrauch beträgt 30µW bzw. 0.28µW.

Die erreichten minimalen Versorgungsspannungen aller vorgestellten Wandler stellen die niedrigsten Werte dar, welche bisher in der Literatur veröffentlicht sind.

Anhang

A Designumgebung

Alle zeitdiskreten Simulationen zum Systemdesign und Berechnungen zur Messwertauswertung erfolgten mittels Matlab [MWI_93a], Simulink [MWI_93b] und zugehöriger Toolboxen [MWI_94a, MWI_92, MWI_93c, MWI_94b]. Zeitkontinuierliche Simulationen zum Systemdesign und zum Schaltungsdesign erfolgten mittels PSPICE [Mic_97].

Layouterstellung, Verifikation und Extraktion erfolgten unter Cadence „Design Framework II" (Composer / Virtuoso / Vampire) unter Verwendung von Saber als Schaltungssimulator [Ana_99].

B Technologie

Alle Testschaltungen sind in einem 0.18µm n-Wannen CMOS Prozess realisiert [Mah_99]. Dieser Prozess gestattet die Verwendung verschiedener Transistortorpen mit unterschiedlichen Transistoreinsatzspannungen und unterschiedlichen erlaubten maximalen Versorgungsspannungen.

In den untersuchten Schaltungen werden lediglich Standard-Digitaltransistoren mit einer Gateoxiddicke von 3.5nm und einer Einsatzspannung von 430mV für den n-MOS und -380mV für den p-MOS Transistor verwendet. Diese Transistoren erlauben eine maximale Versorgungsspannung von 1.8V. Von den möglichen sechs Kupfer-Metallisierungslagen werden drei zur Verdrahtung verwendet.

Außerdem werden in einigen Schaltungen MIMCAPs verwendet. Es handelt sich hierbei um vertikale Metall-Plattenkondensatoren zwischen zwei Metallebenen, die durch ein dünnes Dielektrikum getrennt sind. Dieser Kapazitätstyp ist im Prozess optional verfügbar und verwendet eine vierte Metallisierungslage. Die Kapazität pro Fläche beträgt $0.7fF/\mu m^2$.

Abbildungsverzeichnis

Literaturverzeichnis

Abo_99 A. Abo, P. Gray, "A 1.5-V, 10-bit, 14.3-MS/s CMOS pipeline analog-to-digital converter", *IEEE Journal of Solid-State Circuits*, vol. 34, pp. 599-606, May 1999.

Ada_91 R. Adams, P. Ferguson, Jr., A. Ganesan, S. Vincelette, A. Volpe, R. Libert, "Theory and practical implementation of an fifth-order Sigma-Delta A/D Converter", *J. Audio Eng. Soc.*, vol. 39, pp. 515-528, July/August 1991.

Ada_98 R. Adams, K. Nguyen, K. Sweetland, "A113dB SNR oversampling DAC with segmented noise-shaped scrambling", *ISSCC Digest of Technical Papers*, vol. 41, pp. 62-63, 1998.

All_95 P. Allen, B. Blalock, "A 1V CMOS opamp using bulk-driven MOSFETs", *ISSCC Digest of Technical Papers*, pp. 192-193, 1995.

Ana_99 Analogy Inc., "SaberBook™ 2.4.1"; 1986-1999.

Apa_01 R. Aparicio, A. Hajimiri, "Capacity limits and matching properties of lateral flux integrated capacitors", *Proc. CICC*, pp. 76-79, 2001.

Bas_94 A. Baschirotto, R. Castello, F. Montecchi, "Design strategy for low-voltage SC circuits", *Electronics Letters*, vol. 30, no. 5, pp. 378-380, March 1994.

Baz_95 S. Bazarjani, M. Snelgrove, T. MacElwee, "A 1V Switched-Capacitor $\Sigma\Delta$ Modulator", *IEEE Symposium on Low Power Electronics*, pp. 70-71, 1995.

Bas_97 A. Baschirotto, R. Castello, "A 1-V 1.8-MHz CMOS Switched-Opamp SC filter with rail-to-rail output swing", *IEEE Journal of Solid-State Circuits*, vol. 32, pp. 1979-1986, December 1997.

Bas_02 A. Baschirotto, "Low-Voltage Switched-Capacitor filters", EPFL Electronics Laboratories, *Advanced Engineering Course on Low-Voltage Analog CMOS IC Design*, Lausanne, June 24-28, 2002.

Bla_98   B. Blalock, P. Allen, G. Rincon-Mora, "Designing 1-V op-amps using standard digital CMOS technology", *IEEE Transactions on Circuits and Systems II*, vol. 45, pp. 769-780, July 1998.

Blu_02   A. Blum, B. Engl, H. Eichfeld, R. Hagelauer, A. Abidi, "A 1.2 V 10-b 100-MSamples/s A/D converter in 0.12μm CMOS", *Symposium on VLSI Circuits Digest of Technical Papers*, pp. 326-327, 2002.

Bos_88   B. Boser, B. Wolley, "The design of Sigma-Delta modulation analog-to-digital converters", *IEEE Journal of Solid-State Circuits*, vol. 23, pp. 1298-1308, December 1988.

Bra_91   B. Brandt, "Oversampled analog-to-digital conversion", *Technical Report No. ICL91-009*, Stanford University, August 1991.

Bra_94   B. Brandt, B. Wooley, "A low-power, area-efficient digital filter for decimation and interpolation", *IEEE Journal of Solid-State Circuits*, vol. 29, pp. 679-687, June 1994.

Bul_00   K. Bult, "Analog design in deep sub-micron CMOS", *Proc. ESSCIRC*, pp. 11-17, 2000.

Bur_01   T. Burger, Q. Huang, "A 13.5mW, 185Msample/s $\Sigma\Delta$-Modulator for UMTS/GSM dual-standard IF reception", *ISSCC Digest of Technical Papers*, vol. 44, pp. 44-45, p. 427, 2001.

Can_92   J. Candy, G. Temes, "Oversampling Delta-Sigma data converters-theorie design and simulation", IEEE Press 1992.

Chu_94   S. Chu, C. Burrus, "Multirate filter designs using comb filters", *IEEE Transactions on Circuits and Systems*, vol. 31, pp. 913-924, November 1984.

Cre_75   J. McCreary, P. Gray, "All-MOS charge redistribution analog-to-digital conversion techniques–Part1", *IEEE Journal of Solid-State Circuits*, vol. 10, pp. 371-379, December 1975.

Cro_83   R. Crochiere, L. Rabiner, "Multirate digital signal processing", Prentice-Hall, Inc., Englewood Cliffs, New Jersey, 1983.

Cus_00   P. Cusinato, A. Baschirotto, "A 73dB SFDR 10.7MHz 3.3V CMOS bandpass $\Delta\Sigma$ modulator sampled at 37.05MHz", *Proc. ESSCIRC*, pp. 80-83, 2000.

Cus_01   P. Cusinato, F. Stefani, A. Baschirotto, "Reducing the power consumption in high-speed $\Delta\Sigma$ bandpass modulators", *IEEE Transactions on Circuits and Systems II*, vol. 48, pp. 952-960, October 2001.

Des_00   M. Dessouky, A. Kaiser, "A 1V 1mW digital-audio $\Delta\Sigma$ modulator with 88dB dynamic range using local switch boot-strapping", *Proc. CICC*, pp. 13-16, 2000.

Fer_90   P. Ferguson Jr., A. Ganesan, R. Adams, "One bit higher order Sigma-Delta A/D converters", *Proc. ISCAS*, pp. II890-II893, 1990.

Gom_02   G. Gomez and B. Haroun, "A 1.5V 2.4/2.9mW 79/50dB DR $\Delta\Sigma$ modulator for GSM/WCDMA in a 0.13µm digital process", *ISSCC Digest of Technical Papers*, vol. 45, pp. 306-307, p. 468, 2002.

Gom_99a   J. Gómez Cama, S. Bota, E. Montané, J. Samitier, "A MOSFET-only second order Delta-Sigma modulator for capacitive sensor interfaces", *Proc. ICECS*, pp. 1689-92, 1999.

Gom_99b   J. Gómez Cama, E. Montané, S. Bota, J. Samitier, "A 14-Bit MOSFET-only second order Delta-Sigma modulator for capacitive sensor interfaces", *Proc. Midwest Symposium on Circuits and Systems*, pp. I-31-34, 1999.

Hau_86   M. Hauser, R. Brodersen, "Circuit and technology considerations for MOS Delta-Sigma A/D Converters", *Proc. ISCAS*, pp. 1310-1315, 1986.

Itr_01   International technology roadmap for semiconductors, http://public.itrs.net/, 2001.

Kai_96   R. Kainer, "Circuit arrangement for reducing the voltage dependence of a MOS-capacitor", *Europäisches Patentamt*, EP 0720238, 1996.

Kar_00   S. Karthikeyan, S. Mortezapour, A. Tammineedi, E. Lee, "Low-Voltage analog circuit design based on biased inverting opamp configurations", *IEEE Transactions on Circuits and Systems-II: analog and digital signal processing*, vol. 47, pp. 176-184, March 2000.

Kes_01   M. Keskin, U. Moon, G. Temes, "A 1-V, 10MHz clock-rate, 13-Bit CMOS $\Sigma\Delta$ modulator using unity-gain-reset opamps", *ESSCIRC 2001*, pp. 532-535, 2001.

Kre_89   D. Kreß, R. Irmer, "Angewandte Systemtheorie – Kontinuierliche und zeitdiskrete Signalverarbeitung", Verlag Technik, Berlin, 1989.

Koc_86   R. Koch, B. Heise, F. Eckbauer, E. Engelhardt, J. Fisher, F. Parzefall, "A 12-bit Sigma-Delta analog-to-digital converter with a 15-MHz clock rate", *IEEE Journal of Solid-State Circuits*, vol. 21, pp. 1003-1010, December 1986.

Kut_02   F. Kuttner, "A 1.2V 10b 20Msample/s non-binary successive approximation ADC in 0.13µm CMOS", *ISSCC Digest of Technical Papers*, pp. 176-177, 2002.

Lak_94   K. Laker, W. Sansen, "Design of analog integrated circuits and systems", McGraw-Hill, New York, 1994.

Leh_00   T. Lehmann, M. Cassia, "Ultra-low voltage CMOS cascode amplifier", *Proc. ESSCIRC*, pp. 48-51, 2000.

Li_01   Q. Li, J. Van der Spiegel, K. Laker, "A 1.2V, 38 µW second-order $\Sigma\Delta$ modulator with signal adaptive control architecture", *Proc. IEEE 2nd Dallas CAS Workshop on Low Power/Low Voltage Mixed-Signal Circuits & Systems*, pp. 23-26, 2001.

Lin_02   J. Lin, B. Haroun, "An embedded 0.8V/480µW 6b/22MHz flash ADC in 0.13µm digital CMOS process using nonlinear double-interpolation technique", *ISSCC Digest of Technical Papers*, pp. 308-309, p. 468, 2002.

Mah_99   R. Mahnkopf, K.-H. Allers, M. Armacost, A. Augustin, J. Barth, et al., " 'System on a chip' technology platform for 0.18 µm digital, mixed signal and eDRAM applications", *International Electron Devices Meeting*, pp. 849-52, 1999.

Mat_94   Y. Matsuya, J. Yamada, "1 V power supply, low-power consumption A/D conversion technique with swing-suppression noise shaping", *IEEE Journal of Solid-State Circuits*, vol. 29, pp. 1524-30, December 1994.

Mat_97   Y. Matsuya, J. Terada, "1.2-V, 16-bit audio A/D converter with suppressed latch error noise", *Symposium on VLSI Circuits Digest of Technical Papers*, pp. 19-20, 1997.

Med_99   F. Medeiro, A. Pérez-Verdú, A. Rodríguez-Vázquez, "Top-down design of high-performance Sigma-Delta modulators", Kluwer Academic Publishers, 1999.

Mic_97   MicroSim Corporation, "MicroSim®PSpice® A/D & Basics + User´s Guide", Version 8.0, June 1997.

Mor_00   S. Mortezapour, E. Lee, "A 1V, 8-Bit succesive approximation ADC in standard CMOS process", *IEEE Journal of Solid-State Circuits*, vol. 35, pp. 642-646, April 2000.

MWI_93a   The Math Works Inc., "Matlab - Users´Guide", 1993.

MWI_93b   The Math Works Inc., "Simulink - Users´Guide", 1993.

MWI_94a   The Math Works Inc., "Signal Processing Toolbox - Users´Guide", 1994.

MWI_92   The Math Works Inc., "Control System Toolbox - Users´Guide", 1992.

MWI_93c   The Math Works Inc., "Symbolic Math Toolbox - Users´Guide", 1993.

MWI_94b   The Math Works Inc., "Optimization Toolbox - Users´Guide", 1994.

Nys_96   O. Nys, R. Henderson, "A monolithic 19-Bit 800Hz low power multi-bit sigma delta CMOS ADC using data weighted averaging", *Proc. ESSCIRC*, pp. 252-255, 1996.

Nic_96   G. Nicollini, A. Nagari, P. Confalonieri, C. Crippa, "A-80dB THD, 4Vpp switched-capacitor filter for 1.5V battery-operated systems", *IEEE Journal of Solid-State Circuits*, vol. 31, pp. 1214-1219, August 1996.

Pelg_89   M. Pelgrom, A. Duinmaijer, A. Welbers, "Matching properties of MOS transistors", *IEEE Journal of Solid-State Circuits*, vol. 24, pp. 1433-1440, October 1989.

Pelg_98   M. Pelgrom, H. Tuinhout, M. Vertregt, "Transistor matching in analog CMOS applications", *International Electron Devices Meeting*, pp. 915-918, 1998.

Pel_97   V. Peluso, M. Steyaert, W. Sansen, "A 1.5-V-100-μW $\Delta\Sigma$ modulator with 12-b dynamic range using the Switched-Opamp technique", *IEEE Journal of Solid-State Circuits*, vol. 32, pp. 943-952, July 1997.

Pel_98   V. Peluso, P. Vancorenland, A. Marques, M. Steyaert, W. Sansen, "A 900mV 40μW Switched-Opamp $\Delta\Sigma$ modulator with 77dB dynamic range", *ISSCC Digest of Technical Papers*, pp. 68-69, p. 414, 1998.

Pla_94   R. van de Plassche, "Integrated analog-to-digital and digital-to-analog converters", Kluwer Academic Publishers, Boston, Dordrecht, London, 1994.

Raz_95   B. Razavi, "Principles of data conversion system design", IEEE Press, New York, 1999.

Reb_94   M. Rebeschni, "Practical considerations in SC circuit design", EPFL Electronics Laboratories, *Advanced Engineering Course on Practical Aspects in Analog and Mixed ICs*, Lausanne, July 1994.

Rib_91   D. Ribner, "A comparison of modulator networks for high-order oversampled $\Sigma\Delta$ analog-to-digital converters", *IEEE Transactions on Circuits and Systems*, vol. 38, pp. 145-159, February 1991.

Rom_01   P. Rombouts, W. Wilde, L. Weyten, "A 13.5-b 1.2-V micro-power extended counting A/D converter", *IEEE Journal of Solid-State Circuits*, vol. 36, pp. 176-183, February 2001.

Sam_98   H. Samavati, A. Hajimiri, A. Shahani, G. Nasserbakht, T. Lee, "Fractal capacitors", *IEEE Journal of Solid-State circuits*, vol. 33, pp. 2035-2041, December 1998.

Sau_01   J. Sauerbrey, R. Thewes, "Ultra low voltage Switched-Opamp $\Sigma\Delta$ modulator for portable applications", *Proc. CICC*, pp. 35-38, 2001.

Sau_02a   J. Sauerbrey, T. Tille, D. Schmitt-Landsiedel, R. Thewes, "A 0.7V MOSFET-Only Switched-Opamp $\Delta\Sigma$ modulator", *ISSCC Digest of Technical Papers*, pp. 310-311, p. 469, 2002.

Sau_02b   J. Sauerbrey, T. Tille, D. Schmitt-Landsiedel, R. Thewes, "A 0.7V MOSFET-Only Switched-Opamp $\Sigma\Delta$ modulator in standard digital CMOS technology", *IEEE Journal of Solid-State Circuits*, vol. 37, pp. 1662-1669, December 2002.

Sau_02c   J. Sauerbrey, D. Schmitt-Landsiedel, R. Thewes, "A 0.5V, 1μW successive approximation ADC", *Proc. ESSCIRC*, pp. 247-250, 2002.

Sau_03a   J. Sauerbrey, M. Wittig, D. Schmitt-Landsiedel, R. Thewes, "0.65V $\Sigma\Delta$ modulators", *Proc. ISCAS*, pp. I1021-I1024, 2003.

Sau_03b   J. Sauerbrey, D. Schmitt-Landsiedel, R. Thewes, "A 0.5V, 1μW successive approximation ADC", *IEEE Journal of Solid-State Circuits*, vol. 38, pp. 1261-1265, July 2003.

Sco_02   M. Scott, B. Boser, K. Pister, "An ultra-low power ADC for distributed sensor networks", *Proc. ESSCIRC*, pp. 255-258, 2002.

Ste_93   M. Steyaert, J. Crols, S. Gogaert, "Switched-Opamp, a technique for realizing full CMOS Switched-Capacitor filters at very low voltages", *Proc. ESSCIRC*, pp. 178-181, 1993.

Sei_94   M. Seifart, "Analoge Schaltungen", Verlag Technik, Berlin, 1994.

Shi_97   J. Shih, L. Der, S. Lewis, P. Hurst, "A fully differential comparator using a Switched-Capacitor differencing circuit with common-mode rejection", *IEEE Journal of Solid-State Circuits*, vol. 32, pp. 250-253, February 1997.

Son_00   B. Song, P. Rakers, S. Gillig, "A 1-V 6-b 50-Msamples/s current-interpolating CMOS ADC", *IEEE Journal of Solid-State Circuits*, vol. 35, pp. 647-651, April 2000.

Tan_95   N. Tan, "A 1.2-V 0.8-mW SI $\Delta\Sigma$ A/D converter in standard digital CMOS process", *Proc. ESSCIRC*, pp. 150-153, 1995.

Tan_96   N. Tan, "Switched-Current Delta-Sigma A/D converters", *Analog Integrated Circuits and Signal Processing*, vol. 9, pp. 7-24, January 1996.

Tan_97   N. Tan, "A 1.5-V 3-mW 10-bit 50 MS/s CMOS DAC with low distortion and low intermodulation in standard digital CMOS process", *Proc. CICC*, pp. 599-602, 1997.

Ter_00   J. Terada, Y. Matsuya, F. Mirisawa, Y. Kado, "8-mW, 1-V, 100-MSPS, 6-BIT A/D converter using a transconductance latched comparator", *Proceedings of the 2nd IEEE Asia Pacific Conference on ASICs*, pp. 53-56, 2000.

Til_00   T. Tille, J. Sauerbrey, M. Mauthe, W. Kraus, D. Schmitt-Landsiedel, "A 1.8V MOSFET-Only Sigma-Delta modulator using compensated MOS-Capacitors in depletion with substrate biasing", *Proc. ESSCIRC*, pp. 76-79, 2000.

Til_01a   T. Tille, J. Sauerbrey, D. Schmitt-Landsiedel, "A Low-Voltage MOSFET-Only $\Sigma\Delta$ modulator for speech band applications using Depletion-Mode MOS-Capacitors in combined series and parallel compensation", *Proc. ISCAS*, pp. I376-I379, 2001.

Til_01b   T. Tille, J. Sauerbrey, D. Schmitt-Landsiedel, "A 1.8-V MOSFET-Only $\Sigma\Delta$ modulator using substrate biased Depletion-Mode MOS capacitors in series compensation", *IEEE Journal of Solid-State Circuits*, vol. 36, pp. 1041-1047, Juli 2001.

Til_01c   T. Tille, "MOSFET-Only $\Sigma\Delta$-A/D-Modulatoren mit kompensierten Depletion-Mode MOS-Kapazitäten", Dissertation, Shaker Verlag, Aachen, 2001.

Til_02   T. Tille, J. Sauerbrey, R. Thewes, D. Schmitt-Landsiedel, "Ultra Low-Voltage MOSFET-Only Switched-Opamp $\Sigma\Delta$ modulators using Depletion-Mode MOS-Capacitors", *Proc. ESSCIRC*, pp. 587-590, 2002.

Unb_89   R. Unbehauen, "MOS Switched-Capacitor and Continuous-Time integrated circuits and systems", Springer-Verlag, Berlin, 1989.

Vit_77   E. Vittoz, J. Fellrath, "CMOS analog integrated circuits based on weak inversion operation", *IEEE Journal of Solid-State Circuits*, vol. 12, pp. 224-231, June 1977.

Vle_01   K. Vleugels, S. Rabii, A. Wooley, "A 2.5-V Sigma-Delta Modulator for Broadband Communications Applications", *IEEE Journal of Solid-State Circuits*, vol. 36, pp. 1887-1899, December 2001.

Wal_98   M. Waltari, K. Halonen, "Fully differential switched opamp with enhanced common mode feedback", *Electronic Letters*, vol. 34, no. 17, pp. 2181-2182, November 1998.

Wal_99   R. Walden, "Analog-to-Digital converter survey and analysis", *IEEE Journal on Selected Areas in Communications*, vol. 17, pp. 539-550, April 1999.

Wal_01   M. Waltari, K. Halonen, "1-V 9-Bit pipelined Switched-Opamp ADC", *IEEE Journal of Solid-State Circuits*, pp. 129-134, January 2001.

Wil_91   L. Williams, B. Wooley, "Third-Order cascaded Sigma-Delta Modulators", *IEEE Transactions on Circuits and Systems*, vol. 38, pp. 489-197, May 1991.

Wan_01   L. Wang, S. Embabi, E. Sanchez-Sinencio, "A 1.5V 5MHz Switched-Capacitor circuits in 1.2µm CMOS without voltage bootstrapper", *Proc. CICC*, pp. 17-20, 2001.

Wit_00   M. Wittig, "Entwicklung eines Low Power Sigma Delta A/D Wandlers", Diplomarbeit, Uni-Bremen, Institut für Theoretische Elektrotechnik und Mikroelektronik, Februar 2000.

Yos_99   H. Yoshizawa, Y. Huang, P. Ferguson, G. Temes, "MOSFET-Only Switched-Capacitor circuits in digital CMOS technology", *IEEE Journal of Solid-State Circuits*, vol. 34, pp. 734-747, June 1999.

Sachverzeichnis

MIX
Papier aus verantwortungsvollen Quellen
Paper from responsible sources
FSC® C105338

If you have any concerns about our products,
you can contact us on
ProductSafety@springernature.com

In case Publisher is established outside the EU,
the EU authorized representative is:
Springer Nature Customer Service Center GmbH
Europaplatz 3, 69115 Heidelberg, Germany

Printed by Libri Plureos GmbH
in Hamburg, Germany